《基于花生粕创制优质生物饲料的关键技术》
编委会成员

孙海彦	中国热带农业科学院热带生物技术研究所
蔡国林	江南大学
郭　妞	中国热带农业科学院热带生物技术研究所
陆　健	江南大学
张　梁	江南大学
刘睿杰	江南大学
胡迎芬	青岛大学
李卫青	山东鲁花集团有限公司/莱阳鲁花生物蛋白有限公司
李　秋	山东鲁花集团有限公司/莱阳鲁花生物蛋白有限公司
郭汉庚	海南新纪元科技有限公司/海南隐能生物技术有限公司
金　桩	海南罗牛山畜牧有限公司
李振甫	海南隐能生物技术有限公司
王学均	海南新纪元科技有限公司
银　桩	海南新纪元科技有限公司
郑晓东	海南潭牛文昌鸡股份有限公司
黄居同	海南传味文昌鸡产业股份有限公司
周　露	贵州韩伟蛋业有限公司
李润平	江西省抚州市东乡区农业科学技术研究中心
陈应强	哈七（广东）生物技术有限公司
刘建文	海南自贸区椰凤生物科技有限公司
韦兰和	广西科胜生物科技有限公司
曹春雷	广西科胜生物科技有限公司

朱　梦	海南省食品检验检测中心（海南省实验动物中心）
李　平	广东农业科学院动物科学研究所
张振乾	湖南农业大学
谢　莹	江南大学/吉林化工学院
孙付保	江南大学
邓　亮	海南金薯农业有限公司/海南椰牧种猪有限公司
罗　灵	海南合盈创佳实业有限公司
周　衍	江苏省原子医学研究所
常景玲	河南科技学院
张明霞	河南科技学院
杨天佑	河南科技学院
李志刚	河南科技学院
王宝石	河南科技学院

前　言

花生粕是花生仁经压榨制油后的副产物，为全球第五大粕类，我国年产量约430万吨。花生粕蛋白含量约48%，具备优质蛋白饲料的潜力。然而，和优质蛋白饲料相比，如果将花生粕直接用于饲料原料，则存在黄曲霉毒素B_1（Aflatoxin B_1，AFB_1）易超标、抗营养因子含量高、蛋白消化利用率低和氨基酸不平衡等缺陷，严重制约了其在饲料中的应用。

通过微生物发酵花生粕，改善饲用品质，开发安全、营养、功能三效合一的新型饲料蛋白，创制出优质的生物饲料产品，在提高花生粕附加值的同时，对缓解我国优质蛋白饲料原料紧缺的局面、保障食品安全和消费者健康，都具有重要意义。

本书作者长期从事基于花生粕创制优质饲料产品的技术开发研究，研发出花生粕发酵专用菌种和工艺技术。该技术在山东鲁花集团等企业尝试应用，在国内建成了首条发酵花生粕生物饲料的现代化生产线，创制的产品在大北农公司等大型养殖企业进行应用，不仅提升了花生粕的附加值，而且有利于推动绿色健康养殖，并取得了良好的经济效益、生态效益和社会效益。

本书在前期实践的基础上，系统总结了基于花生粕创制优质生物饲料产品的关键技术，主要包括基于花生粕创制优质生物饲料的意义、原料介绍、菌种的筛选、菌种的制备、发酵工艺、烘干工艺、专用装备、主要检测分析方法和产品质量标准、产品应用典型案例等部分。希望能为生产饲料相关研发技术人员、大学生和研究生等读者提供参考。

作　者

2022年11月

目 录

1 基于花生粕创制优质生物饲料的意义 ········· 1
  1.1 花生粕在饲料行业的应用前景 ············ 1
  1.2 生物饲料及其应用前景 ················ 13
  1.3 基于花生粕创制优质生物饲料的必要性 ······ 15

2 基于花生粕创制优质生物饲料的关键技术 ······ 24
  2.1 原料 ···························· 25
  2.2 菌种的筛选 ······················ 32
  2.3 菌种的制备 ······················ 48
  2.4 发酵工艺 ························ 49
  2.5 烘干工艺 ························ 77
  2.6 专用装备 ························ 78
  2.7 产品质量标准 ···················· 126
  2.8 主要检测分析方法 ················ 126

3 发酵花生粕在养殖中的应用效果 ············ 167
  3.1 发酵花生粕在畜禽养殖中的应用效果 ······ 167
  3.2 发酵花生粕在水产养殖中的应用效果 ······ 168

参考文献 ······························ 171
附 录 ································ 185
致 谢 ································ 198

1 基于花生粕创制优质生物饲料的意义

1.1 花生粕在饲料行业的应用前景

花生是重要的油料作物之一,我国花生种植面积非常广阔。据国家统计局统计资料显示,2020年我国花生种植面积达473万公顷,主要分布在河南、山东、广东、辽宁和河北等地,年产量达1 799.3万 t[1]。花生粕是花生在榨油过程中的副产物,具备作为优质动物饲料资源的潜力。随着我国养殖行业的发展,对饲料原料的需求量不断增加,尤其是目前蛋白质饲料原料高度依赖进口。因此,合理开发利用花生粕等农副产物,可减缓我国饲料资源短缺,降低饲料成本,促进绿色健康养殖,对我国畜牧业的健康可持续发展具有重要的意义。

1.1.1 概念

1.1.1.1 花生粕的概念

花生粕是脱壳花生果提取油脂后的副产品,多为淡褐色或深褐色,形状为块状或粉末状,带有花生的浓郁香味,营养价值高,适口性好,是一种高蛋白、低脂肪的优质饲料原料[2]。但花生粕中氨基酸成分比例失调,花生粕易受黄曲霉毒素污染,影响花生粕在畜禽生产中的应用[3]。

1.1.1.2 发酵花生粕的概念

发酵是指在人为可控条件下利用微生物降解动植物原料并产生多种生物活性物质的过程,是改善动植物原料可利用性的一种有效方式[4]。发酵花生粕是指将花生粕接种有益微生物菌种对其进行酶解发酵处理,通过发酵可改善其饲用品质,提高在饲料中的应用范围和利用率。

1.1.2 花生粕的加工工艺和营养特点

1.1.2.1 花生粕的加工工艺

我国花生榨油工艺分为土法压榨法、机械压榨法、浸提法及预压浸提法四大类。花生粕是以花生为原料，经清理除杂、破碎、轧胚、蒸炒、预榨和溶剂浸出等工序加工而成，呈粉状或小块状。由于花生含油量较高（52%~54%），目前尚不能采用直接浸提工艺提取油脂[5]。图1-1为花生粕的生产工艺流程[6]。

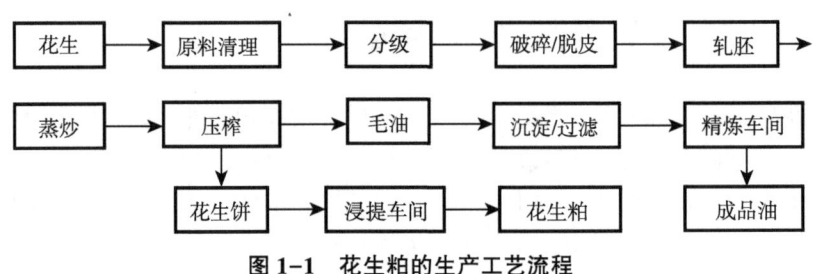

图1-1 花生粕的生产工艺流程

1.1.2.2 花生粕的营养特点

通常，花生的出油率在55%左右，所以，花生粕的产量为44%~48%[7,8]。花生粕适口性好，营养价值较高，富含植物蛋白质，是一种较理想的植物蛋白质原料，粗蛋白质含量为37%~49%，粗脂肪、粗纤维含量较低[9]。花生粕的常规营养成分含量见表1-1。

花生粕的有效能值仅次于豆粕，消化能高，平均消化能为14.49 MJ/kg，适口性良好[9][7]；林厦菁[10]研究得出花生粕的代谢能在粕类饲料中含量较高，可达11.22 MJ/kg，氮校正表观代谢能为10.99 MJ/kg，且总能消化率为75.85%。NRC（2012）[11]中花生粕的猪消化能、代谢能和净能分别为16.30 MJ/kg、15.04 MJ/kg和9.96 MJ/kg（压榨）；14.29 MJ/kg、13.01 MJ/kg和8.05 MJ/kg（浸提）。中国饲料数据库（2021第32版）[12]中花生粕的猪消化能、代谢能和净能分别为14.13 MJ/kg、12.17 MJ/kg和6.99 MJ/kg。何英[13]报道了花生粕的猪表观消化能和净能分别为16.07 MJ/kg、9.27MJ/kg。张欣欣[14]报道了鸭的真代谢能和氮校正真代谢能，分别为11.04 MJ/kg和10.41 MJ/kg。花生粕营养成分的差异会影响其能值的变化[6]。花生粕的有效能见表1-2。

表 1-1 花生粕的常规成分（干物质基础）

项目	干物质 DM	粗蛋白质 CP	粗脂肪 EE	粗纤维 CF	无氮浸出物 NFE	粗灰分 Ash	中性洗涤纤维 NDF	酸性洗涤纤维 ADF	淀粉 ST	钙 Ca	总磷 P	有效磷 A-P	参考文献
花生仁粕	88.00	54.32	1.59	7.05	30.91	6.14	17.61	13.30	7.61	0.31	0.64	0.19	[12]
花生粕	89.80	53.67	1.01	7.66	31.18	6.48	17.04	12.25	13.70	0.22	0.70	0.23	[21]
花生粕,压榨	92.00	48.08	7.07	—	—	—	15.87	9.89	7.23	0.18	0.68	—	[11]
花生粕,浸提	91.80	49.05	1.31	—	—	—	17.65	13.57	7.30	0.42	0.63	—	[11]
花生粕	91.37	56.19	1.35	—	—	8.11	24.31	9.24	—	0.25	0.76	—	[6]
花生粕	89.13	58.02	1.85	—	—	7.01	23.73	8.81	—	0.28	0.80	—	[6]
花生粕	89.90	57.82	0.44	—	—	6.57	18.64	8.23	—	0.24	0.83	—	[6]
花生粕	89.31	51.96	0.93	—	—	6.98	14.75	6.66	—	0.25	0.73	—	[6]
花生粕	89.87	59.22	0.32	—	—	6.44	21.89	7.90	—	0.24	0.88	—	[6]
花生粕	89.26	57.06	0.37	—	—	6.49	23.10	7.04	—	0.22	0.86	—	[6]
花生粕	90.28	57.78	1.06	—	—	6.43	25.14	8.87	—	0.25	0.83	—	[6]
花生粕	90.28	55.11	0.89	—	—	7.20	25.03	8.17	—	0.13	0.78	—	[6]
花生粕	90.51	57.49	0.77	—	—	7.36	23.76	9.10	—	0.26	0.79	—	[6]
花生粕	89.60	57.57	1.44	—	—	8.16	21.03	8.22	—	0.33	0.78	—	[6]
花生粕	87.55	53.73	0.74	—	—	8.14	28.17	9.62	—	0.38	0.69	—	[6]
花生粕	90.60	53.37	0.80	—	—	5.67	22.66	8.28	—	0.21	0.77	—	[6]
花生粕	88.29	43.42	1.69	7.74	—	—	15.34	13.16	8.53	—	—	—	[13]
平均值 Mean	89.86	54.34	1.39	7.48	31.04	6.94	20.92	9.55	8.87	0.26	0.76	0.21	
最大值 Max	92.00	59.22	7.07	7.74	31.18	8.16	28.17	13.57	13.70	0.42	0.88	0.23	
最小值 Min	87.55	43.42	0.32	7.05	30.91	5.67	14.75	6.66	7.23	0.13	0.63	0.19	

(%)

表1-2 花生粕的有效能值

(MJ/kg)

项目	总能GE	猪消化能DE	母猪消化能DE	猪代谢能ME	猪净能NE	母猪净能NE	鸡表观代谢能AME	鸭真代谢能TME	鸭氮校正真代谢能TMEn	鸡净能NE	蛋鸡净能NE	肉牛维持净能Nem	肉牛增重净能Neg	奶牛产奶净能NEl	羊消化能DE	参考文献
花生仁粕	—	12.43	—	10.71	6.99	—	10.88	—	—	—	—	8.80	6.20	7.53	13.56	[12]
花生粕	18.57	14.46	15.16	13.20	7.49	8.63	9.32	—	—	7.20	7.52	—	—	—	—	[21]
花生粕，压榨	20.53	16.30	—	15.04	9.96	—	—	—	—	—	—	—	—	—	—	[11]
花生粕，浸提	19.34	14.29	—	13.01	8.05	—	—	—	—	—	—	—	—	—	—	[11]
花生粕	18.62	15.08	—	13.45	—	—	—	—	—	—	—	—	—	—	—	[6]
花生粕	19.25	15.83	—	14.67	—	—	—	—	—	—	—	—	—	—	—	[6]
花生粕	19.17	16.43	—	14.71	—	—	—	—	—	—	—	—	—	—	—	[6]
花生粕	19.38	16.15	—	15.53	—	—	—	—	—	—	—	—	—	—	—	[6]
花生粕	18.87	16.00	—	13.89	—	—	—	—	—	—	—	—	—	—	—	[6]
花生粕	19.54	16.24	—	13.54	—	—	—	—	—	—	—	—	—	—	—	[6]
花生粕	18.92	15.43	—	13.74	—	—	—	—	—	—	—	—	—	—	—	[6]
花生粕	18.72	14.99	—	12.66	—	—	—	—	—	—	—	—	—	—	—	[6]
花生粕	19.10	15.51	—	13.90	—	—	—	—	—	—	—	—	—	—	—	[6]
花生粕	19.43	16.33	—	13.59	—	—	—	—	—	—	—	—	—	—	—	[6]
花生粕	19.05	14.55	—	13.30	—	—	—	—	—	—	—	—	—	—	—	[6]
花生粕	18.72	15.42	—	13.34	—	—	—	—	—	—	—	—	—	—	—	[6]
花生粕	16.74	16.07	—	—	9.27	—	—	11.04	10.41	—	—	—	—	—	—	[13]
花生粕	16.74	—	—	—	—	—	—	—	—	—	—	—	—	—	—	[14]
平均值Mean	18.86	15.38	15.16	13.64	8.35	8.63	10.10	11.04	10.41	7.20	7.52	8.80	6.20	7.53	13.56	
最大值Max	20.53	16.43	15.16	15.53	9.96	8.63	10.10	11.04	10.41	7.20	7.52	8.80	6.20	7.53	13.56	
最小值Min	16.74	14.29	15.16	12.66	7.49	8.63	9.32	11.04	10.41	7.20	7.52	8.80	6.20	7.53	13.56	

花生粕中氨基酸种类丰富，但氨基酸组成比例失调，谷氨酸、精氨酸和天冬氨酸含量较高，但赖氨酸和蛋氨酸含量较低，赖氨酸含量仅为豆粕的50%[2][9]。由于精氨酸和赖氨酸具有拮抗关系，二者在吸收和重吸收过程中存在竞争关系，会加剧赖氨酸的缺乏。因此，使用时需添加合成氨基酸。花生饼粕适合与赖氨酸含量高的玉米和鱼粉等饲料合理搭配使用[9]。花生粕的氨基酸含量见表1-3。

花生饼粕的矿物质含量与其他饼粕基本接近，钙含量为0.2%~0.3%，磷含量为0.4%~0.7%[9]。另外，花生粕中钠、镁、钾、钙、铁和锌含量较高，可作为很好的矿物质营养源。花生粕维生素含量较高，维生素E含量为0.871 mg/100g，可溶性总糖的含量也很高。梅娜等[15]报道花生粕内还含有黄酮类、酚类、鞣质、三萜或甾体类化合物。其中，总黄酮的含量达1.095 mg/g。花生粕的矿物质含量见表1-4。

花生粕中含有维生素A、维生素B_1、维生素B_2、维生素C、维生素E等多种维生素及钙、磷、钠、钾、镁、铜、锌、铁、锰等多种矿物元素[16]。使用花生粕时要补充维生素B_{12}，在猪和鸡的日粮中尤为重要。花生粕的维生素含量见表1-5。

蛋白质是饲粮中的重要组成部分，可转变成氨基酸被动物吸收，因此，氨基酸的消化率是评定饲料蛋白质营养价值的重要指标[17]。标准回肠末端氨基酸消化率由表观回肠氨基酸消化率减去内源氨基酸损失得到。与表观回肠末端氨基酸消化率相比，标准回肠末端氨基酸消化率不受日粮氨基酸浓度的影响，更具有可加性，是目前较为理想的氨基酸营养体系[18]。在进行饲料配制时一般建议使用标准回肠末端消化率，可有效降低饲料成本[19,20]。花生粕的猪氨基酸标准回肠末端消化率见表1-6，鸡氨基酸标准回肠末端消化率见表1-7。

总之，从营养角度考虑，花生粕具备成为优质饲料原料的潜力，但是，花生粕直接用于饲料原料，存在黄曲霉毒素B_1（Aflatoxin B_1，AFB_1）易超标、氨基酸不平衡（尤其精氨酸和赖氨酸比例不协调）等不足之处，严重限制了其在饲料中的应用。

1.1.2.3 发酵花生粕的营养特点

花生粕常被用作水产饲料，而水生动物的小肠绒毛短，不容易吸收大分子蛋白，经过微生物发酵，花生粕中的大分子蛋白可降解为多肽，寡肽，甚至氨基酸，提高蛋白溶解度，提高其消化吸收率[22]；多肽还可以对消化道产生保护作用，使幼龄动物的小肠提早成熟，刺激消化酶的分泌，提高机体

表 1-3 花生粕的氨基酸含量（干物质基础） (%)

项目	必需氨基酸 EAA										非必需氨基酸 NEAA							参考文献
	精氨酸 Arg	组氨酸 His	异亮氨酸 Ile	亮氨酸 Leu	赖氨酸 Lys	蛋氨酸 Met	苯丙氨酸 Phe	苏氨酸 Thr	色氨酸 Trp	缬氨酸 Val	丙氨酸 Ala	天冬氨酸 Asp	半胱氨酸 Cys	谷氨酸 Glu	甘氨酸 Gly	脯氨酸 Pro	丝氨酸 Ser	酪氨酸 Tyr	
花生仁粕	5.55	1.00	1.42	2.84	1.59	0.47	2.18	1.26	0.51	1.55	–	–	0.45	–	–	–	–	1.58	[12]
花生粕	6.07	1.22	1.77	3.29	1.76	0.58	2.56	1.41	0.53	2.08	2.10	2.37	0.68	3.56	3.10	2.02	2.48	1.90	[21]
花生粕, 压榨	5.65	1.13	1.59	2.88	1.68	0.54	2.30	1.26	0.36	1.90	–	–	0.65	–	–	–	–	1.89	[11]
花生粕, 浸提	5.74	1.07	1.55	2.84	1.57	0.54	2.15	1.37	0.44	1.72	2.04	4.89	0.59	8.18	2.97	1.66	2.32	1.55	[11]
花生粕	4.92	1.01	1.32	2.59	1.17	0.37	2.17	1.55	–	1.61	1.53	4.43	0.40	7.57	2.11	1.39	1.98	1.45	[16]
花生粕	4.79	0.98	1.18	2.61	1.50	0.39	1.98	1.17	0.41	1.61	1.69	4.79	0.42	8.80	2.44	1.66	2.24	1.39	[2]
花生粕	5.89	1.27	3.34	1.74	1.84	0.55	2.51	1.43	0.50	2.12	2.16	6.01	0.61	9.08	3.09	2.32	2.41	1.60	[6]
花生粕	5.82	1.26	3.36	1.75	1.55	0.56	2.59	1.44	0.53	2.19	2.20	6.20	0.58	9.35	3.11	2.33	2.50	1.62	[6]
花生粕	6.02	1.32	3.53	1.84	1.62	0.54	2.68	1.50	0.54	2.26	2.28	6.51	0.57	9.76	3.25	2.44	2.62	1.70	[6]
花生粕	5.68	1.19	3.06	1.62	1.81	0.49	2.41	1.35	0.48	2.02	2.02	5.72	0.63	8.52	2.83	2.12	2.33	1.82	[6]
花生粕	6.26	1.34	3.58	1.87	1.81	0.59	2.75	1.51	0.56	2.30	2.29	6.57	0.62	10.02	3.37	2.36	2.68	1.55	[6]
花生粕	5.75	1.23	3.23	1.69	1.72	0.55	2.49	1.38	0.54	2.08	2.14	6.02	0.62	9.02	3.12	2.18	2.43	1.63	[6]
花生粕	5.94	1.33	3.49	1.82	1.72	0.50	2.69	1.50	0.53	2.27	2.18	6.52	0.60	8.80	3.33	2.41	2.59	1.56	[6]
花生粕	5.76	1.66	3.39	1.76	1.66	0.54	2.61	1.46	0.54	2.21	2.18	6.31	0.60	9.51	3.18	2.31	2.56	1.58	[6]
花生粕	6.20	1.30	3.44	1.80	1.84	0.54	2.69	1.47	0.54	2.21	2.20	6.42	0.66	9.57	3.22	2.38	2.59	1.67	[6]
花生粕	6.18	1.29	3.38	1.77	1.86	0.54	2.65	1.45	0.49	2.19	2.21	6.37	0.62	9.48	3.15	2.36	2.56	1.62	[6]
花生粕	5.96	1.28	3.36	1.73	1.94	0.55	2.59	1.39	0.49	2.10	2.10	6.20	0.69	9.36	3.10	2.27	2.51	1.53	[6]
花生粕	5.76	1.23	3.18	1.68	1.81	0.50	2.51	1.40	0.50	2.09	2.08	5.92	0.60	8.80	2.93	2.14	2.39	1.56	[6]
平均值 Mean	5.77	1.23	2.73	2.12	1.69	0.52	2.47	1.41	0.50	2.03	2.09	5.70	0.59	8.71	3.02	2.15	2.45	1.62	
最大值 Max	6.26	1.66	3.58	3.29	1.94	0.59	2.75	1.55	0.56	2.30	2.29	6.57	0.69	10.02	3.37	2.44	2.68	1.90	
最小值 Min	4.79	0.98	1.18	1.62	1.17	0.37	1.98	1.17	0.36	1.55	1.53	2.37	0.40	3.56	2.11	1.39	1.98	1.39	

表1-4 花生粕的矿物质含量

项目	钠(%)	氯(%)	镁(%)	钾(%)	硫(%)	铁(mg/kg)	铜(mg/kg)	锰(mg/kg)	锌(mg/kg)	硒(mg/kg)	碘(mg/kg)	钙(%)	总磷(%)	植酸磷(%)	有效磷(%)	参考文献
花生仁粕	0.08	0.03	0.35	1.40	-	418.18	28.52	44.20	63.30	0.07	-	0.31	0.64	-	0.19	[12]
花生粕	0.06	0.06	0.36	1.39	0.35	217.15	19.49	41.20	53.79	0.28	-	0.22	0.70	0.47	0.23	[21]
花生粕,压榨	0.07	0.03	0.36	1.30	0.32	309.78	16.30	42.39	51.09	0.30	-	0.18	0.68	-	-	[11]
花生粕,浸提	0.08	0.04	0.34	1.36	0.33	283.22	16.34	43.57	44.66	0.23	-	0.42	0.63	-	-	[11]
平均值Mean	0.07	0.04	0.35	1.36	0.33	307.08	20.16	42.84	53.21	0.22	-	0.28	0.66	0.47	0.21	
最大值Max	0.08	0.06	0.36	1.40	0.35	418.18	28.52	44.20	63.30	0.30	-	0.42	0.70	0.47	0.23	
最小值Min	0.06	0.03	0.34	1.30	0.32	217.15	16.30	41.20	44.66	0.07	-	0.18	0.63	0.47	0.19	

表1-5 花生粕的维生素含量

项目	胡萝卜素(mg/kg)	维生素E(mg/kg)	维生素B_1(mg/kg)	维生素B_2(mg/kg)	泛酸(mg/kg)	烟酸(mg/kg)	生物素(mg/kg)	叶酸(mg/kg)	胆碱(mg/kg)	维生素B_6(mg/kg)	维生素B_{12}(ug/kg)	亚油酸(%)	参考文献
花生仁粕	0.00	3.41	6.48	12.50	60.23	196.59	0.44	0.44	2 106.82	11.36	0.00	0.27	[12]
花生粕,压榨	-	2.93	7.72	5.65	51.09	180.43	0.38	0.76	2 008.70	8.04	0.00	-	[11]
花生粕,浸提	-	2.94	7.73	5.66	51.20	180.83	0.38	0.76	2 013.07	8.06	0.00	-	[11]
平均值Mean	0.00	3.10	7.31	7.94	54.17	185.95	0.40	0.66	2 042.86	9.16	0.00	0.27	
最大值Max	0.00	3.41	7.73	12.50	60.23	196.59	0.44	0.76	2 106.82	11.36	0.00	0.27	
最小值Min	0.00	2.93	6.48	5.65	51.09	180.43	0.38	0.44	2 008.70	8.04	0.00	0.27	

表 1-6 花生粕的猪氨基酸标准回肠末端消化率 (%)

项目	粗蛋白质 CP	必需氨基酸 (EAA)										非必需氨基酸 (NEAA)								参考文献
		精氨酸 Arg	组氨酸 His	异亮氨酸 Ile	亮氨酸 Leu	赖氨酸 Lys	蛋氨酸 Met	苯丙氨酸 Phe	苏氨酸 Thr	色氨酸 Trp	缬氨酸 Val	丙氨酸 Ala	天冬氨酸 Asp	半胱氨酸 Cys	谷氨酸 Glu	甘氨酸 Gly	脯氨酸 Pro	丝氨酸 Ser	酪氨酸 Tyr	
花生仁粕	87	93	81	81	81	76	83	88	74	76	78	—	—	81	—	—	—	—	92	[12]
花生粕	90.5	93.3	83.3	83.8	84.9	74.7	81.2	89.6	78.1	79.8	82.5	84.0	87.0	77.7	89.0	76.0	78.0	86.0	92.0	[21]
花生粕,压榨	87	93	81	81	81	76	83	88	74	76	78	—	—	81	—	—	—	—	92	[11]
花生粕,浸提	87	93	81	81	81	76	83	88	74	76	78	—	—	81	89	76	—	86	92	[11]
花生粕	75.71	92.03	77.28	82.49	79.83	64.84	82.85	74.15	67.18	74.87	79.97	75.11	79.62	83.99	82.12	64.44	77.22	75.21	84.48	[6]
花生粕	85.46	94.38	83.81	86.95	82.59	79.67	91.58	77.01	76.61	79.12	87.57	81.76	84.70	86.98	88.04	70.70	84.15	81.47	81.33	[6]
花生粕	81.83	93.35	80.61	85.72	83.64	74.23	91.28	79.38	76.70	80.02	84.32	80.31	79.79	90.19	86.17	66.17	79.28	80.12	82.14	[6]
花生粕	79.19	91.87	77.41	81.52	78.43	72.27	86.52	72.09	69.30	73.41	80.12	74.90	77.40	82.02	83.15	65.39	76.19	76.00	80.89	[6]
花生粕	81.02	92.74	81.80	82.92	78.84	75.54	86.09	78.16	76.60	81.72	82.94	75.87	82.11	87.17	84.63	70.37	82.29	81.05	80.19	[6]
花生粕	78.03	92.46	78.22	80.61	76.93	65.82	84.09	73.93	67.48	69.71	80.91	73.70	78.02	84.65	83.71	64.30	75.69	75.89	83.04	[6]
花生粕	86.05	94.51	85.34	85.43	83.63	80.87	89.74	78.36	79.91	83.41	84.65	82.24	85.35	90.11	88.82	72.55	75.95	84.41	79.36	[6]
花生粕	84.92	94.37	83.68	86.95	84.01	78.41	91.48	80.86	76.84	82.31	83.66	79.18	84.75	90.63	87.33	68.19	78.83	82.36	85.10	[6]
花生粕	87.65	95.65	86.15	87.63	85.35	80.82	92.42	79.72	79.16	82.82	84.70	82.24	85.77	91.08	90.94	73.37	83.91	84.27	85.97	[6]
花生粕	84.13	94.96	83.32	87.10	84.66	78.94	86.79	75.50	77.03	78.49	86.60	81.09	84.97	84.56	88.26	72.94	81.44	82.98	85.03	[6]
平均值 Mean	83.96	93.47	81.71	83.87	81.84	75.29	86.65	80.20	74.78	78.12	82.28	79.53	83.04	85.15	86.76	70.04	80.41	81.31	85.40	
最大值 Max	90.50	95.65	86.15	87.63	85.35	80.87	92.42	89.60	79.91	83.41	87.57	84.00	87.00	91.08	90.94	76.00	92.00	86.00	92.00	
最小值 Min	75.71	91.87	77.28	80.61	76.93	64.84	81.20	72.09	67.18	69.71	78.00	73.70	77.40	77.70	82.12	64.30	75.69	75.21	79.36	

表1-7 花生粕的鸡氨基酸标准回肠末端消化率 （%）

项目	粗蛋白质CP	必需氨基酸EAA										非必需氨基酸NEAA						参考文献
		精氨酸Arg	组氨酸His	异亮氨酸Ile	亮氨酸Leu	赖氨酸Lys	蛋氨酸Met	苯丙氨酸Phe	苏氨酸Thr	色氨酸Trp	缬氨酸Val	丙氨酸Ala	天冬氨酸Asp	半胱氨酸Cys	谷氨酸Glu	甘氨酸Gly	脯氨酸Pro	丝氨酸Ser	酪氨酸Tyr	
花生仁粕	87	91	87	89	90	76	86	99	85	87	89	—	—	79	—	—	—	—	—	[12]
花生粕	85.0	88.7	86.3	81.7	84.3	73.7	82.0	87.7	78.7	84.0	83.3	89.0	85.0	77.0	92.0	77.0	89.0	88.0	91.0	[21]
平均值Mean	86.00	89.85	86.65	85.35	87.15	74.85	84.00	93.35	81.85	85.50	86.15	89.00	85.00	78.00	92.00	77.00	89.00	88.00	91.00	
最大值Max	87.00	91.00	87.00	89.00	90.00	76.00	86.00	99.00	85.00	87.00	89.00	89.00	85.00	79.00	92.00	77.00	89.00	88.00	91.00	
最小值Min	85.00	88.70	86.30	81.70	84.30	73.70	82.00	87.70	78.70	84.00	83.30	89.00	85.00	77.00	92.00	77.00	89.00	88.00	91.00	

的免疫能力[23]；并产生蛋白酶、非淀粉多糖酶等多种活性物质，除此以外，多肽具有很好的溶解性、抗凝胶形成性、低黏度等特性，还具有吸收速度快、耗能低、不易饱和、各种肽之间运转无竞争性与抑制性等特点[24]。发酵花生粕中还含有多种功能活性成分，包括多糖、黄酮、抗氧化肽、酚类、鞣质、三萜类化合物和甾体类化合物等[25]；花生粕经发酵处理，可降低或完全消除抗营养因子[26]。

任晓静等[27]将发酵前后的花生粕进行对比，得出发酵后的花生粕粗蛋白质含量提高了 1.56%，花生粕蛋白中的大分子蛋白明显降解为小分子蛋白、多肽及氨基酸；无机磷含量提高了 0.29%，植酸含量降低了 1.13%。徐会茹等[28]研究发现，花生粕发酵后必需氨基酸含量提高 16.42%，赖氨酸、蛋氨酸和苏氨酸含量分别提高 16.56%、10.17% 和 16.42%。纤维类物质分解为糖，部分糖转化为乳酸，并产生大量有益微生物[29]，从而改善其饲用品质，提高其在饲料中的利用率。花生粕经发酵后，不仅蛋白质含量得到有效提高，氨基酸不平衡的问题也能够得到解决[3]。

1.1.3 花生粕在动物生产中的应用

1.1.3.1 花生粕在猪饲料中的应用

猪饲料中添加发酵花生粕，可提高猪的生长性能，促进营养物质的吸收利用，还可以调节肠道菌群，提高机体免疫力[30]。解佑志等[31]研究发现，在"杜×长×大"三元杂交猪饲粮中添加 8% 的发酵花生粕，可显著提高育肥猪日增重，显著降低料重比，显著提高粗蛋白质、钙和磷的消化率，说明发酵花生粕可提高育肥猪生长性能，促进营养物质吸收。杨树梅[32]在"杜×长×大"三元杂交仔猪用酶菌协同发酵花生粕替代饲粮中 3% 优质鱼粉，发现可显著降低仔猪腹泻率，显著提高粗蛋白质、赖氨酸利用率，显著降低肠道大肠杆菌数量，显著提高乳酸杆菌数量，显著提高血清免疫球蛋白 A、免疫球蛋白 G、免疫球蛋白 M 含量，显著提高血清总蛋白含量和碱性磷酸酶活性，降低血清尿素氮含量，说明发酵花生粕可以部分替代鱼粉应用于仔猪生产。

赖氨酸是猪的第一限制性氨基酸，由于花生粕中赖氨酸含量低，应控制花生粕在猪饲料中的用量，可与豆粕、鱼粉搭配使用[33]。由于目前国内外花生粕的营养成分因品种、种植条件、取油工艺的不同而有所差异，从而限制了其在猪日粮中的应用。花生粕过量饲喂会引起体脂变软，影响肉脂品质，在猪日粮中不能超过 15%[6]。

1.1.3.2 花生粕在鸡饲料中的应用

Pesti 等[34]比较了花生粕与豆粕型日粮对 22~34 周龄白来航蛋鸡生产性能的影响,结果表明,在添加赖氨酸、蛋氨酸、苏氨酸和色氨酸的情况下,两者之间的产蛋量和蛋重基本一致;花生粕组与豆粕组相比,在试验 6 周后两者蛋重无显著差异;26~30 周龄时,花生粕试验组蛋的内部质量优于豆粕组;且贮存 2 周后,花生粕试验组蛋的哈氏单位优于豆粕组。Costa 等[35]研究结果表明,玉米-花生粕型日粮中添加苏氨酸可改善肉鸡的日增重和饲料转化效率,额外添加赖氨酸和蛋氨酸对体增重无显著影响;但随着日粮中花生粕配比的增加(10%、20%和32%),肉鸡的日增重降低,饲料转化效率升高。李秀等[36]研究了杂粕替代豆粕对蛋品质和血液生化指标的影响,结果表明,花生粕代替豆粕能降低蛋黄中胆固醇的含量,且对蛋重、蛋黄重、蛋黄色泽和蛋黄比例无显著影响。肖芹等[37]对葵花粕、芝麻粕、花生粕替代豆粕对蛋鸡生产经济效益的影响进行了研究,结果表明,葵花粕组>花生粕组>豆粕组>芝麻粕组,根据花生粕营养特性以及与其他饼粕类原料的价格优劣,合理调整饲料配方中用量,不仅可以降低饲料成本,还能充分利用资源,减少环境污染。

在黄曲霉菌毒素不超标的条件下,花生粕在中大禽料中使用量为 5%~10%时,不但不影响鸡的生产性能,而且可以提高经济效益。幼禽日粮中最好不要使用,以防黄曲霉毒素中毒[8]。

1.1.3.3 花生粕在反刍动物饲料中的应用

有研究表明,发酵花生粕可促进反刍动物生长,提高生产性能,改善肉品质,被广泛用于反刍动物精饲料中,并且大部分在瘤胃中被降解,花生粕作为奶牛日粮的蛋白质添加物与亚麻籽饼粕、豆粕和麸质饲料效果等同[6],但添加量不宜过高[38]。

蔡李逢等[39]研究表明豆粕、花生粕和棉籽粕是奶牛最常用的蛋白质饲料,通常将 3 种不同饼粕进行组合配制奶牛日粮。刘兴[40]研究发现,在荷斯坦奶牛饲粮中添加 5%、10% 发酵花生粕可显著提高奶牛产奶量,但对采食量影响不显著。Dias 等[41]研究表明,利用发酵花生粕代替豆粕饲喂荷斯坦奶牛对干物质、粗蛋白质、粗脂肪、中性洗涤纤维消化率无显著影响,对牛奶中蛋白质、脂肪、乳糖、总固体和非脂肪固体成分含量无显著影响。Bezerra 等[42]研究表明,采用发酵花生粕替代豆粕饲喂肉羊可显著提高腰最长肌的粗蛋白质、粗脂肪含量,影响脂肪酸的组成。

1.1.3.4 花生粕在水产动物饲料中的应用

王亚敏等[43]研究表明,发酵饼粕中含有大量有益微生物,这些微生物进入肠道后可通过其代谢物调节微生态平衡,从而提高机体抗病能力。水产动物饲料中直接添加发酵花生粕或用发酵花生粕替代部分鱼粉,可以促进营养物质的吸收利用,提高生长性能[44]。

周贵谭等[45]认为花生粕比动物蛋白价格低,来源广泛,虽然其蛋白质量和某些氨基酸组成不如优质鱼粉等动物蛋白,但当部分替代鱼粉等动物蛋白时,其饲料养殖效果往往优于鱼粉的饲料配方,中华鳖及其他鱼类养殖中也有类似情况。

姚大龙等[46]研究表明,在草鱼饲料中用花生粕替代50%的豆粕不会影响其生长性能,Li等[47]使用25%的花生粕替代斑点叉尾鮰饲料中豆粕,发现其生长性能、饲料效率和体组成没有产生不利影响。赵丹等[48]用花生粕代替黄姑鱼配合饲料中的鱼粉,并对其生长性能和饲料利用情况进行分析,试验结果表明,花生粕是黄姑鱼配合饲料中鱼粉的适宜替代蛋白源。李百安等[49]采用发酵花生粕替代奥尼罗非鱼饵料中鱼粉量的2/3,结果发现,鱼体增重率和饲料系数无显著差异,肌肉水分、粗蛋白质、粗脂肪、灰分含量、必需氨基酸总量、非必需氨基酸总量、肝体比、脏体比均无显著差异,说明发酵花生粕对奥尼罗非鱼生长无不良影响。

彭松等[4]研究表明,发酵花生粕可代替凡纳滨对虾饲料中6.0%的鱼粉不影响其生长性能,且可以显著提高凡纳滨对虾酚氧化酶活性,提高水产动物免疫力。李洪琴等[50]研究发现,凡纳滨对虾饵料中添加3%发酵花生粕可显著提高对虾质量增加率、特定生长率和饲料转化率以及胰蛋白酶活性,提高对虾生长性能。刘立鹤等[51]研究花生粕替代鱼粉对凡纳对虾生长和氨基酸组成的影响,结果表明,凡纳滨对虾饲料中花生粕可替代20%鱼粉而对生长性能、饲料利用率和虾体氨基酸组成无显著影响。杨奇慧等[52]研究表明,以生长性能为指标并结合饲料养分表观消化率,在含40%粗蛋白质、30%的鱼粉的凡纳滨对虾基础饲料中,花生粕替代鱼粉的适宜比例为10%。

花生饼粕在贮藏的过程中受潮容易产生酸败味,并产生毒性很强的黄曲霉毒素。在养殖生产中应尽可能利用新鲜饼粕。贮存时宜放于干燥通风处,夏季不超过1个月,冬春不超过2~3个月为宜,用前应做好毒素的检测工作[9]。

1.2 生物饲料及其应用前景

1.2.1 生物饲料的概念

根据北京生物饲料产业技术创新战略联盟 2018 年 1 月 1 日发布的团体标准《生物饲料产品分类》（T/CSWSL 001—2018），生物饲料是指使用《生物饲料产品分类》（T/CSWSL001—2018）等国家相关法规允许使用的饲料原料和添加剂，通过发酵工程、酶工程、蛋白质工程和基因工程等生物工程技术开发的饲料产品的总称，包括发酵饲料、酶解饲料、菌酶协同发酵饲料和生物饲料添加剂等[53]。

1.2.2 生物饲料的营养特点

生物发酵饲料是在人为可控的条件下，以玉米、豆粕、麸皮等植物性饲料原料为主要原料，以微生物发酵技术为核心技术生产的动物饲料，可消除其中的抗营养因子，降解其中的蛋白质及脂肪大分子物质，生成可溶性多肽、有机酸以及短链脂肪酸等，通过这样的发酵过程，使饲料具有更好的适口性，且营养丰富，提高动物饲料利用效率，维持肠道菌群平衡、产生有益代谢产物等突出作用，可以提升动物生长性能，改善肉品质，有极强的应用价值[54]。

1.2.3 生物饲料的应用前景

李德发、印遇龙和麦康森等院士一致认为，未来 20 年，生物饲料、生物添加剂等微生物有关技术研究将颠覆传统的养殖模式。同时，大量的研究文献报道，生物饲料可以有效降低饲料原料中的抗营养因子，提高饲料消化利用率，改善畜禽生产性能，促进动物肠道健康，改善动物肉、蛋、奶的品质等[53]。

研究表明，发酵饲料在微生物的作用下可降解饲料原料中的纤维素、蛋白质、脂肪等大分子物质，产生有机酸、肽、多糖小分子物质。饲喂发酵饲料可提高动物免疫力、改善肠道健康状况、降低动物腹泻率、提高饲料消化率，同时，发酵饲料适口性较好，能促进动物采食[55]。

生物饲料已成为未来饲料行业抗生素减量替代的重要环节之一。为推进我国饲料行业抗生素减量替代，促进养殖业绿色发展，农业农村部畜牧兽医局启动实施了饲用抗生素减量替代项目,项目围绕饲料调制、营养调控、动物健康等重点环节开展,其中,微生物发酵处理、生物酶解处理、菌酶协同处理等生物饲料核心技术成为饲料调制环节的重点研究内容,将围绕生物饲料产业方向,建立生物饲料标准化生产体系,开展生物饲料原料和菌种的安全性评价、质量控制、生产工艺及配套设施和技术服务等标准,培育生物发酵饲料企业和联合体,建立研发、生产、应用联动发展模式[53]。

1.2.4 生物饲料在动物生产中的应用

2018年7月农业农村部印发的《农业绿色发展技术导则(2018—2030年)》的主要任务中将"发酵饲料应用技术、畜禽水产饲料营养调控关键技术、促生长药物饲料添加剂替代技术"作为重点研发任务,"饲料原料多元化综合利用技术、非常规饲料原料提质增效技术"列入集成示范任务[53]。

发酵饲料可根据不同畜种及不同生长阶段的养殖动物,匹配相应的菌的组方进行活化,并根据其肠道的生态生理需求,依据动物和微生物营养需求,搭配优质的原料进行接种发酵,应注意不同畜种间的发酵菌种及发酵饲料不可混用[53]。大量研究表明,益生菌发酵饲料不仅在饲料来源、饲料营养结构、畜禽生长性能、畜禽免疫力、饲养环境等方面具有独特优势,且应用范围极广,广泛应用于家禽养殖以及猪、反刍动物、水产等其他动物生产中[55]。

1.2.4.1 生物饲料在养猪生产中的应用

吕航等[56]研究表明在断奶仔猪阶段添加适宜比例的发酵饲料能够减少或者完全替代抗生素的使用,缓解仔猪断奶应激,提高仔猪生长性能;在育肥猪阶段,保持发酵饲料适宜的营养水平下,也可以部分或者完全替代抗生素的使用,促进猪的生长。

杨建平等[57]通过研究简易发酵饲料的制备及其对育肥猪生产性能的影响,发酵饲料替代全价饲料的3%时,与对照组相比猪的日增重和日采食量分别提高13.48%和5.60($P<0.05$),料肉比降低6.84%($P<0.05$),证明了简易发酵饲料制备方法简单易行,且可显著提高育肥猪的生产性能。

1.2.4.2 生物饲料在家禽生产中的应用

王胜等[58]通过在白羽肉鸡基础日粮中添加生物发酵饲料,研究生物发酵饲料对白羽肉鸡生长性能的影响,并分析了白羽肉鸡养殖中经济效益的提升情况,结果显示,按2.5%添加生物发酵饲料,可以显著提升白羽肉鸡采食量、平均日增重及上市体重;按5%添加生物发酵饲料,可以显著提升白羽肉鸡成活率；添加生物发酵饲料可以提升白羽肉鸡养殖的经济效益，按2.5%添加生物饲料，养殖经济效益更高。

1.2.4.3 生物饲料在水产动物养殖中的应用

酵母发酵产物能够显著改善水产动物的肠道菌群结构，促进双歧杆菌和乳酸杆菌的增殖，抑制大肠杆菌、弧菌和恶臭假单胞菌等致病菌的生长。在饲料中添加酵母发酵产物还能提高水产动物肠道黏膜褶皱高度、微绒毛的密度和高度。

发酵饲料具有"绿色、安全、高效"的特点，在螃蟹养殖中得到广泛应用。在生产实践中成蟹养殖应用发酵饲料，可改善底泥，降低水体中的氨氮、亚硝酸盐等有害物质含量，调控水体 pH 值，特别是在恶劣天气下，如台风、高温或温差较大时，能减少动物应激反应，提高养殖效益。故应用发酵饲料是今后水产健康养殖的发展方向和趋势[53]。

1.3 基于花生粕创制优质生物饲料的必要性

花生粕虽然具备成为优质饲料原料的潜力，但是，花生粕直接用作饲料原料，存在黄曲霉毒素 B_1（Aflatoxin B_1，AFB_1）易超标、氨基酸不平衡（尤其精氨酸和赖氨酸比例不协调）、小肽含量低、植酸等抗营养因子含量高等不足之处，严重限制了其在饲料中的应用。通过微生物发酵技术可以一并解决这几个关键问题，将花生粕制备成优质生物饲料产品。

1.3.1 通过生物技术可以降低黄曲霉毒素含量

1.3.1.1 生物技术对花生粕中黄曲霉毒素的脱毒处理

花生粕如果长期放置于 25~40℃ 的高温环境中，很容易滋生黄曲霉毒素（Aflatoxins，AFT），黄曲霉和寄生曲霉产生一种叫做黄曲霉毒素的杂环化合物，这种毒素非常耐热只有在高温煅烧和高压的情况下才能失活[59]。据联合国粮农组织（FAO）统计，全球每年约有 1/4 的农作物遭受真菌毒素的污染，其中，受黄曲霉污染最为严重[60]，每年造成的直接经济损失和间接经济损失达数百亿美元，其不仅带来了严重的浪费，也对粮食作物的经济贸易发展带来巨大的不利影响。我国是受真菌毒素影响较为严重的国家之一，每年因真菌毒素污染粮食造成的直接经济损失达 680 亿~850 亿元[61]。

花生粕易感染黄曲霉菌，产生的黄曲霉毒素种类较多，其中含量最多、危害最大的是黄曲霉毒素 B_1（Aflatoxin B_1，AFB_1）。花生粕中的黄曲霉毒素

B_1 易超标，AFB_1 会对动物的肝脏造成伤害，并对其生长性能产生显著影响[62]。

黄曲霉毒素的产生受到宿主、光照、温度、水活度等环境因素影响，当环境无法达到真菌的产毒条件时，可能会降低真菌的产毒量甚至不产毒[63]。目前，消除黄曲霉毒素的方法主要有物理法、化学法和生物脱毒法等，不同的消除方法各有利弊，有效的黄曲霉毒素脱毒方法应具备在不明显改变饲料的物理特性下能使黄曲霉毒素失去活性且不产生有毒的副产物，保持饲料原有的营养水平和适口性，脱毒工艺经济可行。与物理法和化学法相比，生物法具有安全、绿色、稳定、高效降解毒素，脱毒效果较好，且对饲料营养物质影响小，甚至可能增加饲料的营养价值的优点[64]。

利用微生物，特别是具有益生菌性质的微生物用于 AFB_1 脱毒，具有无污染、特异性高、工作温度高、环保等优点[65]。不同类型的益生菌脱毒方式不同，有的将 AFB_1 改造成其他无毒或低毒的次级产物或异构体，以达到消除食品和饲料中 AFB_1 的目的，利用米曲霉菌或不产黄曲霉毒素的黄曲霉菌突变体可以抑制黄曲霉菌的生长和毒素的合成，说明利用不产毒的黄曲霉菌或安全的曲霉工业用菌可以有效地对产毒黄曲霉菌进行生物防治，可减少产毒黄曲霉菌对许多农产品的侵染及合成毒素，达到提前防控、减少经济损失的作用[66]。

酶降解是微生物在其生命活动中产生的某些物质，改变了霉菌毒素的原有结构，将其转化为低毒甚至完全无毒的物质，微生物降解 AFB_1 和酶降解 AFB_1 都属于生物法降解 AFB_1，两种方法的联合使用能够提高 AFB_1 的降解率[65]。王晓玲等[62]研究表明，通过添加筛选出的枯草芽孢杆菌，利用微生物发酵结合复合酶制剂的生物偶联工艺处理花生粕，比较处理前后花生粕中 AFB_1 含量的变化，处理前 AFB_1 含量为 142.6 μg/kg，处理后仅为 8.1 μg/kg，AFB_1 的去除率达到 94.3%，远低于国家饲料卫生标准 50 μg/kg 的限量要求，大大提升了花生粕的饲用安全性。侯德宝等[67]研究表明，花生粕利用微生物（枯草芽孢杆菌、酿酒酵母、乳酸片球菌）发酵结合复合酶制剂处理后，花生粕中 AFB_1 的去除率为 94.6%。宫旭洲等[68]研究表明，采用生物法对花生粕进行固态发酵处理，可以使花生粕中的黄曲霉毒素去除率达到 90.9% 以上。赵朝阳等[69]采用微生物发酵处理花生粕，可使花生粕中的抗原成分、胰蛋白酶抑制因子含量提高，有效降低和去除花生粕中的 AFB_1，提高小肽吸收率。

1.3.1.2 黄曲霉毒素的危害

（1）黄曲霉毒素的产生

黄曲霉毒素的产生与许多因素有关，主要包括产毒菌株、营养基质、环境条件三个方面。能产生黄曲霉毒素的菌株有多种，其中，最主要的为黄曲霉及寄生曲霉，其他的曲霉属真菌如特异曲霉、假溜曲霉、赭曲霉亦可产生黄曲霉毒素，但这些菌株在自然界中分布较少[70]。不同的菌株产毒能力差异很大，据报道，经分离的寄生曲霉中有3%~6%的菌株不产生黄曲霉毒素，而黄曲霉因地域不同，不产生黄曲霉毒素的菌株在0~80%变化[71]。饲料原料的营养基质（尤其是水分、碳源和氮源）也会在很大程度上影响产黄曲霉毒素菌株的生长繁殖和产毒量。维持产黄曲霉毒素菌株增殖所需的水分含量为130~250 g/kg，因而水分含量在13%以上的饲料原料很容易遭受黄曲霉毒素污染[72]。这也是玉米、棉籽、花生粕和青贮饲料等饲料原料容易发生黄曲霉毒素污染的重要原因。研究表明，葡萄糖、果糖、蔗糖、麦芽糖以及脂质底物可促进黄曲霉毒素的产生，而乳糖、山梨糖及蛋白胨则起抑制作用[73]。至于氮源，实践已经证实，还原态氮有利于黄曲霉毒素的产生，而氧化态氮（如硝酸盐）则可有效阻止黄曲霉毒素的产生。另有研究发现，色氨酸也能抑制黄曲霉毒素的产生[74]。环境影响黄曲霉毒素产生，主要包括温度、湿度、pH值。黄曲霉和寄生曲霉的最佳生长条件为：温度25~30℃、相对湿度80%~90%、pH值3.4~5.5。故南方地区的饲料原料黄曲霉毒素污染情况普遍高于北方，特别是在5—9月，南方的气温都在20℃以上，平均相对湿度在80%以上，产黄曲霉毒素菌株在高温高湿的条件下繁殖最为旺盛，此时最易发生饲料霉变。

（2）黄曲霉毒素的分类和理化性质

黄曲霉毒素是由黄曲霉、寄生曲霉等真菌产生的代谢产物，目前已发现其衍生物有20余种[75]，目前，最常见的有黄曲霉毒素 B_1、黄曲霉毒素 B_2、黄曲霉毒素 G_1、黄曲霉毒素 G_2、黄曲霉毒素 M_1、黄曲霉毒素 M_2 等，尚有多种黄曲霉毒素的代谢产物[76]，其中，黄曲霉毒素 B_1 的毒性和致癌性最高，过量摄入 AFB_1 具有致癌、致畸、免疫抑制等毒性效应[77]，可造成人体内脏出血性坏死[78]及诱发肝癌[79]，是世界公认的危害最大的霉菌毒素[80]。其毒性比氰化钾强10倍，比砒霜强68倍，诱发肝癌的能力比二甲基亚硝胺大75倍[81-84]。黄曲霉毒素既可以污染玉米、花生、棉花等常见农作物[85]，给粮食安全带来重大隐患，也可在中药材种植、采收、加工、运输等环节污染莲子、大枣、陈皮、桃仁等常见的中草药[86]，既给人民健康带来严重威胁,也严重影响中药的质量与安全[87]。

黄曲霉毒素的理化性质十分稳定,耐高温,其分解温度为200~300℃,紫外线能够使AFB_1、AFB_2发蓝色荧光,使AFG_1、AFG_2发绿色荧光,并对低浓度的黄曲霉毒素具有一定的破坏作用[72]。黄曲霉毒素是一大类组成结构类似的化合物,其均由一个氧杂萘邻酮和一个双氢呋喃环组成。在常见的黄曲霉毒素中B_1和黄曲霉毒素G_1的二氢呋喃环末端存在双键,因此,其毒性剧大,微少量便能引发生物罹患癌症[76]。

(3)黄曲霉毒素对动物的影响

黄曲霉毒素在1993年被世界卫生组织列入Ⅰ类致癌物质,具有极强的毒性,其中,以AFB_1的毒性最大[76]。黄曲霉毒素主要损害动物的肝脏组织,可导致肝细胞坏死、胆管上皮增生、肝出血等病变,严重时可以导致肝癌甚至死亡[72]。

黄曲霉毒素对动物存在严重的毒性作用,报道较多的有肝毒性、肠毒性、免疫毒性、遗传毒性等[77]。几乎所有动物对黄曲霉毒素都有中毒反应,特别是禽类中的雏鸡、鸭和火鸡。动物对黄曲霉毒素的敏感性随着性别、年龄、使役情况以及营养等不同而有差别[78]。同种动物在正常情况下,雄性比雌性敏感,幼龄动物比成年动物敏感,种用畜禽比肉用畜禽敏感,而孕畜敏感性最高,动物营养状况越差对黄曲霉毒素越敏感[77]。

黄曲霉毒素可引发肉鸡、兔、豚鼠和猪等多种动物的免疫抑制,从而损害免疫系统功能,削弱机体对环境污染和病原微生物的抵抗力,还可导致动物对病原微生物的易感性增加,甚至能减弱疫苗的接种效果[88,89]。对动物免疫功能的危害主要表现在黄曲霉毒素对动物造成免疫抑制,主要为作用于细胞免疫,能与DNA或RNA结合,并抑制其合成;引起动物胸腺发育不良和萎缩,生成的淋巴细胞减少,抑制补体C_4的产生,抑制T细胞产生白细胞介素和其他细胞因子,引起B淋巴细胞活性降低、抗原递呈细胞和吞噬细胞功能受到影响、抗体减少。AFB_1对动物免疫造成的危害为降低血清中免疫球蛋白和抗体水平,减弱吞噬细胞能力,使机体抵抗力下降,发生免疫失败[78]。研究发现,AFB_1会阻碍猪从猪丹毒疫苗中获得免疫力,从而大大降低疫苗的接种效果并且增加患病风险[90]。

首先,黄曲霉毒素具有高效的肝毒性,不仅能诱导动物的肝损伤,还能在器官和组织中蓄积,对机体造成严重影响[81,91]。当动物摄入黄曲霉毒素时,黄曲霉毒素可对肠道上皮细胞造成破坏进而导致肠道结构损坏,吸收营养物质的能力下降[92]。有研究表明,黄曲霉毒素可以破坏免疫系统并强烈抑制免疫反应，从而影响细胞和体液免疫[93]。此外，黄曲霉毒素也是一种遗传毒性物质，在体内代谢生成的中间产物环氧化合物极易与 DNA 结合，可引起 DNA 氧化损伤、基因突变以及改变抑癌基因的表达[73]。更严重的是，残留在禽肉、牛奶和鸡蛋中的黄曲霉毒素伴随食物链进入人体并蓄积，可对人体健康构成严重威胁。

黄曲霉毒素受环境、暴露水平与时间、以及动物种属、体质和营养健康状况等因素的影响呈现不同程度的毒性[77]。

张禹等[94]报道，各类动物单次口服 AFB_1 的半数致死量（LD_{50}）为：兔 0.3~0.5 mg/kg、雏鸭 0.34~0.56 mg/kg、猫 0.55 mg/kg、犬 1.0 mg/kg、育肥猪 0.62 mg/kg、绵羊 2.0 mg/kg、雏鸡 6.5 mg/kg、仓鼠 10.2 mg/kg，且黄曲霉毒素具有毒性强的特点，较低浓度就可引发动物中毒[95]。与多种类型的黄曲霉毒素相比，毒力强弱次序为：$AFB_1 > AFG_1$、$AFM_1 > AFB_2$、AFG_2，AFB_2 和 AFG_2 毒性较弱，而 AFB_1 的毒性最强。

黄曲霉毒素对猪的影响。猪群采食发霉的饲料后，出现食欲下降或食欲废绝，持续性体温升高，易发猪皮炎肾病综合症，生长受阻，生产性能下降，繁殖性能降低，出现免疫抑制，组织器官受损等，公猪中毒出现睾丸萎缩、性欲减退、精液质量下降，生长育成猪则会表现为被毛粗乱、生长发育停滞、肉品质下降、阴囊部皮肤呈水浸样病变，病猪犬坐、咳嗽、气喘，公猪包皮红肿，关节肿胀，四肢僵硬，蹄部坏疽，顽固性下痢或便秘，部分出现呕吐、直肠脱出甚至母猪阴道脱出[90]。霉菌毒素还能破坏巨噬细胞的吞噬功能，组织淋巴细胞的活化与增殖，进而造成机体杀菌能力的降低，容易引发流感，母猪中毒后，所产仔猪会出现胸腺退化、缺锌等症状，进而造成了活性胸腺素的浓度减低，导致细胞免疫功能的下降。仔猪在生长发育过程中，极易受黄曲霉毒素的攻击，其实在母猪感染黄曲霉毒素后，就已经降低了仔猪单核细胞以及淋巴细胞的正常功能[96]。

黄曲霉毒素对家禽的影响。大量研究证实，AFB_1 可对肉鸡的生长、免疫功能、器官发育等方面造成严重影响，威胁家禽业的健康发展。黄海涛[91]研究得出，不同浓度的 AFB_1（20~100 μg/kg）会导致肉鸡料重比上升，成活率降低；浓度达到（100 μg/kg）时，会显著降低血清蛋白的含量。许艺兰等[64]研究表明，蛋鸡饲料中黄曲霉毒素超标时，不仅影响蛋鸡的生产性能，降低蛋鸡的产蛋量与蛋质量，还会通过食物链危害人类健康。有研究表明，在黄羽肉鸡的饲料中添加 0.1 mg/kg，使日均增重下降 5.09%；添加 4.42%，其食量下降 0.85%，但其肝脏受损严重，采食量和日增重与饲料中黄曲霉毒素浓度呈负相关[97]。因此,饲料中污染黄曲霉毒素会降低和破坏饲料营养成分,毒素含量过大,会导致动物采食量下降。进入体内的黄曲霉毒素能降低胰酶活性,影响酶及某些激素的合成,引起吸收和代谢障碍,造成动物消化不良、食欲减退、贫血、体重减轻和生长发育受阻等[60]。还可引起肝脏和血清中脂类水平上升,血液中总蛋白质、胆固醇和尿素氮减少。

黄曲霉毒素对反刍动物的影响。饲料中 AFB_1 污染会对奶牛的生理生化指标及瘤胃发酵功能造成不良影响。并且由于 AFB_1 在奶牛体内经肝脏代谢形成黄曲霉毒素 M_1,AFM_1 可以通过牛奶排出,影响牛奶品质,进而对犊牛或人类健康造成危害[98]。日粮中添加 AFB_1 会对奶牛瘤胃中微生物和酶的活性造成不良影响,AFB_1 可以抑制瘤胃液中微生物的活性,尤其是与纤维性饲料发酵有关的微生物,对羧甲基纤维素酶和微晶纤维素酶的活性也产生抑制作用,从而抑制奶牛对纤维性饲料的消化利用[99]。因饲料中的黄曲霉毒素为脂溶性低分子化合物,进入奶牛体内后几乎被完全吸收,在瘤胃中降解的不足 10%[100]。奶牛采食含有 AFB_1 的饲粮后,牛奶中不饱和长链脂肪酸含量显著降低,而短链和中链脂肪酸没有显著变化,这说明 AFB_1 会对牛奶品质造成影响,霉菌毒素会影响到动物体内氨基酸的代谢[101],绝大部分吸收入血的黄曲霉毒素随血液循环进入肝脏,在微粒体细胞色素 P_{450} 作用下羟基化生成 AFM_1、AFP_1、AFQ_1 和黄曲霉毒素醇,前三者无活性,可经乳汁、尿液和粪便排出体外,而黄曲霉毒素醇可再次被氧化生成 AFB_1[72]。黄帅等[102]研究表明,黄曲霉毒素可导致反刍动物瘤胃菌群失调,从而降低纤维素利用率、挥发性脂肪酸和氨的含量,同时,导致瘤胃碱性磷酸酶活性增加,这些因素共同影响产奶家畜的产奶量和采食量。

奶牛长期采食低剂量的黄曲霉毒素可引起慢性中毒,早期主要表现为食欲不佳、生产性能及繁殖性能降低、免疫机能下降,后期将出现黄疸、脂肪肝、肝损伤[103,104]。据报道,几乎所有水平的黄曲霉毒素都会对奶牛肝脏产生不同程度的损害[105]。

郭锐等[106]发现羊对黄曲霉毒素的耐受力较强,但羊群如果长期、超量摄入黄曲霉毒素,仍可发生黄曲霉毒素中毒,同时康复过程缓慢,研究表明,黑山羊采食黄曲霉毒素超标的饲料 2 个月后,妊娠母羊大批流产、保育羊咳嗽腹泻、育肥羊急性死亡等。黄帅等[102]研究发现,给奶山羊饲喂含黄曲霉毒素的饲粮后,奶山羊的免疫力、供氧能力和凝血功能有一定程度的下降，黄曲霉毒素对不同品种、日龄的动物影响结果也存在不一致的情况。

（4）黄曲霉毒素的限量标准

我国饲料卫生标准（GB 13078—2017）[107]对饲料原料和饲料产品中的AFB_1含量规定，饲料原料中玉米加工产品、花生饼粕不能超过 50 μg/kg，玉米油、花生油不得超过 20 μg/kg，其他植物油脂不得超过 10 μg/kg，其余植物性饲料原料不得超过 30 μg/kg；饲料原料中犊牛精料补充料不超过 20 μg/kg，泌乳期精料补充料中不超过 10 μg/kg[108]。美国的相关标准对人类消费食品和奶牛饲料中的 4 种黄曲霉毒素总量做出了限制，要求不能超过 20 μg/kg，其他动物性饲料中黄曲霉毒素的总量不能超过 300 μg/kg。欧盟的规定则更加严格，要求人类消费食品中 AFB_1 的含量不能超过 2 μg/kg，黄曲霉毒素总量不得超过 4 μg/kg。日本、瑞士等国家也已经制定了相关规定[108]，以保证动物及动物产品的安全性。

黄曲霉毒素污染是一个不容忽视的问题，通过客观、全面地从源头做好饲料原料的田间管理或采购，严格控制饲料生产环节的质量关，加强预警与储存的管理是预防黄曲霉毒素污染的重要措施。同时，依据实际情况合理地选用脱毒方法，可将黄曲霉毒素造成的危害降至最低限度。

1.3.2 通过生物技术可以改善其营养品质

1.3.2.1 微生物技术改善花生粕品质

周佳慧等[109]研究了复合酶预处理结合乳酸菌发酵花生粕对其品质的改善作用，结果表明，经菌酶协同处理后，花生粕粗蛋白质含量由 46.4% 提高至 50.6%，大分子蛋白质明显降解为小分子蛋白质，酸溶蛋白质含量由 2.3% 提高至 17.8%，多肽含量由 1.6% 提高至 15.7%，总酸含量由 0.6% 提高到 4.7%，其中，乳酸含量由 0.64 mg/g 提高至 14.63 mg/g。菌酶协同处理后的花生粕抗氧化性明显增强，其中，每克菌酶协同处理后的花生粕对羟自由基的清除能力与 171.6 mgVC 相当，比花生粕（与 47.6 mgVC 相当）提高了 2.6 倍。

花生粕存在非淀粉多糖含量高和蛋白质品质不佳等缺陷，利用微生物（枯草芽孢杆菌、酿酒酵母、乳酸片球菌）发酵结合复合酶制剂处理花生粕，可以综合改善其饲用品质，非淀粉多糖含量由 30% 降至 10.5%，蛋白质含量由 47.8% 升至 61.5%，大分子蛋白质明显降解为小分子蛋白质，小肽含量由 5.36% 升至 25.21%，氨基酸总量提高了 19.67%。经过生物技术法处理，花生粕的饲用品质得到了明显改善[67]。研究表明，采用生物法对花生粕进行固态发酵处理，发酵花生粕中的粗蛋白质含量高于 50.5%，酸溶性蛋白（多肽）高于 13%，提高饲料体外消化率，有利于动物消化吸收，乳酸高于 3.5%，有利于改善动物肠道平衡，抑制有害菌生长，提高免疫力，显著降低植酸等抗营养因子，植酸降解率高于 90.1%，提高磷资源利用率，避免资源浪费，减小环境污染[68]。

徐会茹等[28]将酵母菌、乳酸菌、芽孢杆菌等多种菌种混合加入花生粕中进行发酵，结果显示，蛋白质含量由原来的 54.22% 提高到 58.45%，抑菌能力强，具有促进动物生长发育的功能，可减少发病率、降低料肉比、提高出栏率；富含乳酸（5% 以上）及益生菌，提高动物免疫力的功能；植酸含量由发酵前的 2.49% 降低到发酵后的 0.12%，使动物排泄物中的含磷量下降，降低了动物对水体等环境的富磷化污染；花生粕经过发酵后，营养价值更高，尤其在蛋白质含量、水溶性蛋白、小肽、总酸等方面，具有豆粕无可比拟的优势：发酵花生粕粗蛋白质、小肽、水溶性蛋白含量均高于豆粕，小肽、水溶性蛋白含量的增加显著提高动物的消化利用率；在抗营养因子植酸的降解上也比豆粕具有优势；残油略高于豆粕，且在发酵过程中略有上升，有利于动物生长发育，降低脂肪添加量。因此，可部分替代高价值进口鱼粉，降低饲料成本。

1.3.2.2 生物技术对花生粕改善氨基酸不平衡

蔡国林等[110]采用卡式酵母 JD-15 和马克斯克鲁维酵母 JD-16 发酵花生粕，明显提高了赖氨酸和蛋氨酸的含量，但精氨酸含量无显著改变。周佳慧等[109]研究表明，花生粕经菌酶协同处理后蛋氨酸和赖氨酸含量分别提高了 77.1% 和 42.0%，精氨酸降解率为 18.7%，精氨酸与赖氨酸含量比值从 3.7 降低至 2.1。任晓静等[27]利用 Lactobacillus cases R-07 结合酶制剂固态发酵花生粕，发现赖氨酸含量由 1.51% 提高至 1.76%，但精氨酸与赖氨酸含量比值仍超过 3.0。徐会茹等[28]对花生粕进行发酵处理后，原粕中缺乏的苏氨酸、蛋氨酸、赖氨酸含量均显著提高。侯德宝等[67]利用 3 种微生物发酵结合复合酶制剂处理花生粕，得到的产物赖氨酸含量由 1.48% 提高至 1.73%，蛋氨酸含量由 0.50% 提高至 0.59%。

随着药物饲料添加剂的有序退出，生物饲料在饲料替代和减少抗生素使用中凸显重要作用，为我国养殖饲料企业的战略转型发展起到了推动作用[111]，也是未来我国畜牧业有希望"替抗"的重要技术举措，更是饲料工业的重要发展方向[58]。因此，未来基于花生粕创制的优质生物饲料产品将会有很大发展潜力,该类产品和技术的大规模应用不仅可以延伸花生加工产业链,提升花生加工企业的综合收益,而且对解决我国优质蛋白饲料资源短缺问题,促进绿色健康养殖、科技支撑乡村振兴等都有重要意义。

2　基于花生粕创制优质生物饲料的关键技术

随着生活水平的提高，人们对动物性产品需求仍呈刚性增长，对饲料原料的需求日益增加，与此同时，我国饲料工业发展面临的挑战更加严峻。由于我国动物类蛋白质饲料原料的产量有限，严重依赖国际市场，价格高昂以及存在的安全隐患，导致鱼粉、肉骨粉的使用受到限制，而植物性蛋白原料的需求不断增加。花生粕作为一种重要的植物蛋白原料将被广泛应用。花生粕粗蛋白质含量接近大豆粕，富含精氨酸、谷氨酸、天冬氨酸，且花生粕的口感较好，比较适合于禽畜水产饲料中使用，如果花生粕被有效利用于饲料生产，对解决目前饲料资源紧缺问题将有很大帮助。

然而，花生粕易感染有害微生物，特别是黄曲霉菌产生黄曲霉毒素，这些毒素易使动物的肝脏受到损害。除此之外，花生粕中植酸等抗营养因子的存在，降低了动物对营养物质的利用率，造成了资源的浪费。动物对氮、磷的吸收不充分，且排放造成了土壤的营养富集和水体污染，大大限制了其在饲料行业的应用。不仅如此，花生粕中抗生素添加剂的滥用，在带来巨大经济效益的同时，也存在着潜在的巨大危害。随着禁用抗生素的呼声越来越高，人们正在积极地开发新技术取代抗生素，其中微生物发酵饲料成为研究热点。微生物发酵不但可以有效去除饲料中抗营养因子以及有毒有害物质，还能产生多种有益代谢产物，如功能性肽、氨基酸及乳酸等。不仅可以提高蛋白质等营养物质的消化利用率，达到节约饲料消耗的目的，而且能够抑制原料中有害菌群，改善动物肠道环境，提高免疫力，降低动物的发病率。

因此，针对花生粕进行深层开发利用，提高其饲喂效价，尽可能地挖掘饲料的可利用营养成分，提高花生粕的安全性和营养品质，以期获得一种优质饲用花生粕，生产新型生物饲料，将为解决我国饲料资源短缺提供有力的帮助。

2.1 原料

2.1.1 花生粕来源及分类

2.1.1.1 花生粕来源及感官特征

花生粕是脱壳花生果压榨制油后的副产物，主要由碎果仁组成，多为淡褐色或深褐色粉状、颗粒状或松散的片状，带有浓郁的花生香味，适口性好，是一种高蛋白、低脂肪的优质饲料原料。

2.1.1.2 花生粕分类

花生粕根据压榨温度高低分为高变性花生粕（热榨花生粕）和低变性花生粕（冷榨花生粕）。高变性花生粕色泽呈浅黄褐色或黄褐色，低变性花生粕色泽近白色或深褐色。业内又将花生粕分为一次粕和二次粕，一次粕是经过第一次压榨后直接浸提生产出来的花生粕，二次粕即经过初次压榨的花生饼回收再次压榨浸提后得到的粕[69]。

2.1.2 花生粕组成

2.1.2.1 花生粕蛋白质和氨基酸

花生粕含有丰富的植物蛋白质，其中，粗蛋白质含量高达48%左右，与豆粕蛋白含量接近，是我国蛋白质饲料原料市场的重要组成部分。花生蛋白分为两大类：水溶性蛋白和盐溶性蛋白，其中，约有10%的蛋白质是水溶性蛋白，其余的90%为盐溶性蛋白[112]。盐溶性蛋白主要包括花生球蛋白和伴花生球蛋白。花生球蛋白为2个亚基组成的二聚体，伴花生球蛋白是由6~7个亚基组成[113]。花生粕蛋白的功能特性接近于大豆蛋白，却比大豆蛋白更易吸收[114]。而且，花生粕蛋白比豆粕蛋白中的抗营养因子和肠胃胀气因子少[115]。另外，花生粕蛋白的消化系数达90%，其棉子糖、水苏糖和不消化糖含量只相当于大豆蛋白的1/7。

花生粕蛋白中含有8种必需氨基酸，除赖氨酸、蛋氨酸含量较低外，苏氨酸、色氨酸含量均接近联合国粮食及农业组织（FAO）规定的标准，而其他4种氨基酸含量也都符合此标准的规定[113]。此外，花生粕富含精氨酸、谷氨酸、天冬氨酸，其中，精氨酸含量高达5.2%，是所有动物饲料、植物饲料中含量最高的[7]。

2.1.2.2 花生粕中其他营养物质

花生粕中除含有丰富的蛋白质和氨基酸之外,还含有丰富的黄酮类物质,总黄酮含量高达 1.095 mg/g。此外,油脂类、糖类、酚类、维生素、卵磷脂等营养物质含量也较为丰富。花生粕中矿物质也比较丰富,含有多种矿物质元素[112]。

2.1.3 花生粕的营养特性

2.1.3.1 营养优点

花生粕的营养价值很高,比大豆蛋白更易吸收。花生粕含有的抗营养因子比豆粕少。花生粕的代谢能是粕类饲料中可利用能量水平最高的,适口性很好,适合作为禽饲料、畜饲料、水产饲料的植物蛋白原料使用。

2.1.3.2 营养缺点

花生粕在热榨提油前经过高温(140℃~180℃)炒制,蛋白质热变性严重,营养价值较低,热榨后蛋白过度变性的花生粕饲用品质较差。花生粕中肽含量低,约为 3%,且氨基酸组成不平衡,其精氨酸含量高达 5.2%,赖氨酸含量只有豆粕的一半左右,蛋氨酸和苏氨酸含量也较低,需要添加合成氨基酸或与其他的蛋白原料配合使用。花生粕易感染黄曲霉而产生黄曲霉毒素(尤其是黄曲霉毒素 B_1),而黄曲霉毒素具有极强的致癌、致突变和致畸性,也限制了花生粕在饲料行业的应用[69]。

2.1.4 饲用花生粕的国家标准

饲料用花生粕执行标准为 NY/T 133—1989,标准规定了饲料用花生粕的质量指标及分级标准,适用于以脱壳花生果为原料经有机溶剂浸提取油或预压-浸提取油后的饲料用花生粕。

(1) 感官性状

碎屑状,色泽呈新鲜一致的黄褐色或浅褐色,无发酵、霉变、虫蛀、结块及异味异嗅。

(2) 水分

水分含量不得超过 12.0%。

(3) 夹杂物

不得掺入饲料用花生粕以外的物质,若加入抗氧化剂、防霉剂等添加剂时,应做相应的说明。

(4) 质量指标及分级标准

饲料用花生粕的质量指标及分级标准见表2-1。

表2-1　饲料用花生粕的质量指标及分级标准　　　　　　　　（%）

质量指标 \ 等级	一级	二级	三级
粗蛋白质	≥51.0	≥42.0	≥37.0
粗纤维	<7.0	<9.0	<11.0
粗灰分	<6.0	<7.0	<8.0

各项质量指标含量均以88%干物质为基础计算。三项质量指标必须全部符合相应等级的规定。二级饲料用花生粕为中等质量标准，低于三级者为等外品。

2.1.5　花生粕利用

中国花生年总产量约为1 700万t，居世界首位[3]。花生榨油后产生的废弃物越来越多，我国每年榨油后剩余的花生粕大约有900多万t[16]，如果被有效利用，对解决目前饲料资源紧缺有很大帮助。然而，花生粕易感染有害微生物，花生粕中植酸等抗营养因子的存在，降低了动物对营养物质的利用率，大大限制了花生粕在饲料行业的应用。

2.1.5.1　限制花生粕饲用的影响因素

(1) 黄曲霉毒素

黄曲霉毒素是由黄曲霉和寄生曲霉等多种真菌产生的毒性代谢产物[116]。在提油时，花生中的黄曲霉毒素一部分转移至油相，但大部分残存于花生粕中[117]。正常情况下，花生粕中的黄曲霉毒素在2~50 ng/g，但也有污染较严重的花生榨油后残存于花生粕中的黄曲霉毒素达到180 ng/g[118]。而且花生粕是黄曲霉滋生的良好载体，在储藏时如果水分偏高或者保存环境湿度过高，温度适宜，很容易滋生黄曲霉，导致黄曲霉毒素超标。

禽畜摄入污染黄曲霉毒素的饲料会引起动物生产性能下降或引发疾病，间接通过食物链进入人体的AFB_1具有极强的致癌作用，严重威胁人类健康。

(2) 抗营养因子

花生粕中含有少量热不稳定抗营养因子：植物性血球凝集素、胰蛋白酶抑制因子、致甲状腺肿素以及热稳定抗营养因子植酸等。花生粕中植酸含量约为1.5%，是最主要的抗营养因子。植酸能通过磷酸基团牢固地结合蛋白质分子，这样就大大降低了蛋白质的消化利用率，对机体的正常代谢造成障碍[119]。植酸还易与酶的碱性氨基酸残基结合，抑制胰蛋白酶、淀粉酶和胃蛋白酶的活力，显著影响蛋白质等营养成分的消化吸收，进而影响机体的正常代谢与生殖能力[120]。另外，植酸能在动物肠胃中牢固地粘合带正电荷的锌、铜、钙、镁、铁等金属离子，形成难溶的植酸盐络合物，大大降低了动物对微量矿物质元素的生物利用率，导致动物出现厌食、消瘦、生长迟缓和脱毛等矿物质缺乏症状[121]。

由于单胃动物体内几乎不存在植酸酶，所以几乎不能利用植酸磷，使得植物性饲料磷的利用率大大降低。过量的有机磷排泄到动物体外，造成土壤的营养富集和水体污染。植酸分解后会产生肌醇，味略甜，可以改善饲料的适口性，提高动物采食量。

（3）极易感染病原微生物

花生粕是微生物繁殖的良好场所，花生粕储藏期间极易受沙门氏菌、大肠杆菌、霉菌等致病菌的污染。动物食用污染有害微生物的花生粕，会导致一系列肠道疾病的产生。所以，花生粕中总是需要添加抗生素来抑制病原菌的生长繁殖。然而，抗生素在饲料上的大量应用会给饲料业和养殖业带来潜在的巨大危害，这已引起了世界畜牧业发展各国的高度警惕，美国、日本、欧盟等均对动物源性食品中抗生素残留提出较严格的限量标准，最大残留限量越来越低[122]。

（4）蛋白质品质欠佳

花生粕中优质蛋白不足，不利于动物消化吸收的大分子蛋白偏多，花生粕肽的含量偏少，跟鱼粉等动物蛋白相比，蛋白质的可消化吸收率较低。另外，花生粕中缺乏赖氨酸、蛋氨酸等必需氨基酸，赖氨酸是猪的第一限制性氨基酸。当花生粕中的可利用赖氨酸不足时，用它来替代豆粕饲喂鸡、猪等单胃动物就会降低动物的生长性能[123]。

2.1.5.2 花生粕品质的改善方法

去除植物性饲料中的抗营养因子及毒素，提高植物性饲料的利用率，是缓解我国饲料资源紧张的一个重要策略，也是建设资源节约型社会的重要体现。国内外对饲料中抗营养因子及毒素消除方法的研究一直在不断完善，这些方法主要包括：物理法、化学法和生物处理法等。传统的理化方法虽然操作简单，但都存在一些问题，如导致饲料中的营养损失，影响饲料的感官品质以及添加的试剂可能导致饲料原料、环境以及动物产生化学污染等等。因此，理化改良方法的应用在未来会受到较大限制，而提高饲料品质的微生物法应用前景广泛[124]。

（1）物理法

物理脱毒方法最为快速简单，但是，有其局限性，如高温处理对食品本身的理化性质和营养成分影响较大，应用范围受限。目前，用于改善饲料品质的物理法主要有加热处理法、浸泡法、溶剂萃取法、吸附法、辐射法等，见表2-2。

表 2-2　花生粕品质的改善方法-物理法

物理方法	优点	缺点	参考文献
加热处理法	简单，有效。	降低花生粕营养效价和生物学活性；加热不足，去毒不彻底；加热过度，蛋白质与氨基糖发生美拉德反应，生成稳定的不能被动物利用的棕色聚合体，有效赖氨酸显著下降。	[125-127]
水浸泡法	提供一些酶类和有益于微生物的生活环境。	增加干燥成本，产生大量废水，限制了该技术大规模应用。	[128]
溶剂萃取法	有效，无副产物形成，不破坏蛋白质的含量与质量。	成本高，毒性萃取溶剂废弃物难以处理。	[129]
吸附法	成本低，有效。	吸附剂与花生粕分离困难，氨类有损失。	[125],[130]
辐射法	简单，有效。	对饲料原料本身品质的影响还需要验证。	[131]

（2）化学法

化学法是在饲料中添加化学试剂除去饲料中的抗营养因子和黄曲霉毒素。通常采用酸、碱或者氧化剂处理，如臭氧和氨化脱毒等，根据化学试剂不同分为酸处理法、碱处理法、氨处理法以及有机溶剂处理法等。强酸作用于黄曲霉毒素 B_1 和黄曲霉毒素 G_1 使之转化为低毒的黄曲霉毒素 B_{2a} 和黄曲霉毒素 G_{2a}[60]。

化学脱毒方法处理的效果较好，但是对食品的外观和味道会有损害，且如臭氧本身就具有微毒性，无法大规模使用，此外，化学试剂的残留处理也成为新的问题。

Prudente 等[132]研究指出，臭氧可以破坏黄曲霉毒素的化学结构并有效地去除其毒性，降解率达92%。冯定远[133]研究了六种化学脱毒剂对花生粕中黄曲霉毒素的去毒效果，脱毒剂的去毒效果最好的是次氯酸钠，其次是亚硫酸氢钠，氯化钠脱毒效果最差。而吴兆蕃[134]研究报道，高度污染的花生粕经5%漂白粉处理几秒钟就可全部去毒。

传统的去除饲料中抗营养因子和黄曲霉毒素的理化方法对饲料产品的感官品质以及营养成分等均有不同程度的破坏和不良影响，降低了饲料品质，同时易产生副产物和处理剂残留，并且容易被二次污染，对人和动物产生危害。另外，有些方法，如在强碱作用下，黄曲霉毒素的内脂环被打开，形成香豆素钠盐或铵盐，毒性消失[135]。但这种反应机制是可逆的，当遇到酸性环境时，黄曲霉毒素的毒性重新出现[136]。此外有些方法如溶剂萃取法、氧化处理法等不适合大规模生产，有些方法所需要的设备价格昂贵等。这些都限制了传统理化方法在实际生产中的应用。由于这些问题的存在，生物处理法应运而生。

(3) 生物处理法

生物处理法包括作物育种法、酶制剂法、微生物发酵法等。生物法具有效率高、覆盖范围广、可保证食品安全、维护生态环境等优点，利用生物技术处理黄曲霉毒素是一种绿色可持续的重要方法[65]。

作物育种法。通过植物育种途径，培育低植酸和抗黄曲霉毒素等的新花生品种，这样不仅能促进种植业的发展，还能推动饲料工业的发展。由于抗营养因子是植物用于防御的物质，比如植酸是种子发育成熟所必需的，降低其含量可能对植物产生不良影响，而且育种所需周期长、成功率低、成本高，目前国内研究较少[137]。

酶制剂处理法。添加外源酶不仅可以降低抗营养因子和各种有害物质的毒害作用，开发出潜在的活性物质，还可以补充动物体内酶源活性，维持动物对酶的需求。酶解法可以使花生粕释放出具有生物活性的花生粕肽和氨基酸等。在动物饲料中添加蛋白酶，可将花生粕大分子蛋白降解为花生粕肽。肽可提高饲料中蛋白质和微量元素的利用率，促进动物生长，提高动物的免疫力和抗应激能力[138]。

植酸酶水解植酸，钝化花生粕中植酸的抗营养作用的同时，将以植酸磷形式存在的磷释放出来，提高动物对植物磷的利用率以及植物性饲料的营养价值，减少饲料中无机磷的添加量和动物排泄物中有机磷的含量[139]。植酸酶水解植酸释放磷的同时，可以将与植酸络合的蛋白质、脂肪酶、淀粉酶、内源性蛋白酶等释放出来，从而提高蛋白质的消化率和钙、磷等离子利用率，使动物体采食量、料肉比以及饲料转化率得到明显改善。

Jongbloed等[140,141]研究发现，日粮经植酸酶作用后，蛋白质的消化率平均提高了（0.85±1.70）%，用植酸酶替代日粮中的部分磷酸氢钙，猪的采食量和生长速度分别提高了3%和6%，饲料转化率提高了4.3%。Driver等[142]的研究表明，花生粕中添加植酸酶后，其氮校正真代谢能从原来的3 209 kcal/kg增加到3 559 kcal/kg。Lei等[143]在猪饲料中添加植酸酶后，总磷的消化率提高了9%~24%，植酸磷的利用率提高了50%~74%。

微生物发酵法。微生物发酵不但可以有效去除饲料中抗原蛋白、植酸、黄曲霉毒素等多种抗营养因子和毒素，还能产生多种功能性多肽和消化酶，不仅可以改善饲料原料的营养价值，又能提高饲料消化率和利用率[144]；同时，微生物发酵饲料还能够积累有益的代谢产物，调节动物胃肠内的微生态平衡，抑制肠内病原菌的滋生，具有增强机体免疫力、减少腹泻促进生长等功效，因而具备了替代抗生素添加剂的潜力[145]。

Hirabayashi等[146]利用 *Aspergillus usamii* 菌株发酵豆粕，发现植酸被完全降解，同时动物实验表明，发酵显著提高了磷的利用率，减少了磷的排放。蔡国林等[110]采用干酪乳杆菌发酵后的花生粕气味酸甜芳香，适口性好，赖氨酸、蛋氨酸的含量分别提高了15.6%和28.2%，粗蛋白质含量从48.2%提高到52.8%，大分子蛋白明显降解为小分子蛋白，乳酸的含量达到了2.3%。马文强等[147]研究发现，用酿酒酵母菌、乳酸菌、枯草芽孢杆菌三种菌对豆粕进行混菌发酵后，粗蛋白质、磷和氨基酸的含量分别提高了13.48%、55.56%和11.49%，发酵后豆粕中高分子蛋白含量比发酵前下降了75.57%，中分子蛋白含量较发酵前降低了86.77%，低分子蛋白含量比发酵前提高了2.25倍。微生物发酵使饲料本身的大分子蛋白发生一定程度的降解，从而获得了一种更优质的植物蛋白饲料。

目前，国内外微生物法改善花生粕品质的研究主要集中在脱除AFB_1。主要是微生物菌株直接作用于AFB_1，以及把菌株产生的酶做成制剂作用于AFB_1。微生物对黄曲霉毒素的作用主要有两方面：一是菌体细胞对黄曲霉毒素的吸附作用，主要是细胞壁的吸附作用，菌体和黄曲霉毒素通过疏水相互作用以非共价方式结合形成菌体-黄曲霉毒素复合体，此时较易排出体外[148]。噬菌体对其吸附作用并无明显影响，甚至由于结构的变异，使得吸附作用有所增强。二是微生物发酵产生的酶对黄曲霉毒素的降解作用。黄曲霉毒素脱毒酶、降解AFB_1的过氧化物酶、漆酶、以及橙色黄杆菌的粗提液、糙皮侧耳和白腐真菌的胞外解毒酶等都有明显降低黄曲霉毒素的作用。

国外研究发现包括乳酸菌和酵母菌在内的多种微生物对黄曲霉毒素具有去毒作用。EL-nezami等[149]筛选出了两株鼠李糖乳杆菌LGG和LC-705，

两株菌吸附 AFB_1 的能力高达 80%。王玉[150]研究发现，将黄曲霉接种于含水量 20% 的花生粕中 30℃培养 7 d，使其产生黄曲霉毒素，再经乳酸菌 30℃厌氧培养 72 h，99.4% 的 AFB_1 得到破坏。Teniovla[151]等发现 *Rhodococcuserythropolis* 和 *Mycobacterium fluoranthenivorans* 菌的胞外提取物在 30℃分别与 AFB_1 反应 4 h 后，降解 AFB_1 的能力高达 90% 以上。Liu 等[152]从 *Armillariellatabescens* 菌中分离出一种黄曲霉毒素脱毒酶，通过该酶的处理，样品中 AFB_1 的含量明显减少，毒性明显降低。

自然界中存在着某些可以破坏黄曲霉毒素的微生物，有可能用于生产实践。然而，有些微生物虽然去毒能力较强，但并不是农业农村部规定可添加于饲料中的微生物，能否应用在饲料脱毒中存在争议。虽然国内外对黄曲霉毒素的去除和解毒进行了大量的研究，但是，迄今为止，还没有一种理想的可供饲料工业上大规模应用的黄曲霉毒素的去除和解毒方法。因此，有必要开展进一步的研究。用于饲料中的微生物必须在农业部规定的饲料添加剂品种目录中，且操作要简单易行，费用低廉，处理过程中损耗少，不产生新的有毒物质，最好可以形成有益的代谢产物，增加饲料的抗菌能力和营养品质等。

2.2 菌种的筛选

利用微生物发酵花生粕是提高花生粕饲用品质的有效方式，花生粕经发酵后，不仅蛋白质含量得到有效提高，氨基酸不平衡的问题也能得到解决。常用的菌种包括芽孢杆菌、乳酸杆菌、酵母菌、曲霉、木霉等[3]。依据农业部规定的《饲料添加剂品种目录（2010）》可以直接添加到饲料中的菌种包括：酿酒酵母、产朊假丝酵母、地衣芽孢杆菌、枯草芽孢杆菌、植物乳杆菌、保加利亚乳杆菌、黑曲霉、米曲霉、干酪乳杆菌和戊糖片球菌等共 34 种微生物。

乳酸菌是一种益生菌，利用乳酸菌发酵花生粕，可以提高花生粕的安全品质和营养品质。乳酸菌能产生多肽和乳酸、过氧化氢、细菌素、抗生素等抑菌物质，抑制致病菌和有害物质的产生，维持肠道菌群的微生态平衡；饲料中残留的乳酸菌能通过细菌本身或细胞壁成分激活宿主免疫细胞，还可以通过产生抗体和提高噬菌体活性等作用激发免疫功能，增强宿主免疫力；此外，乳酸菌还可以产生一些特殊的酶系，这些酶能促进消化道内氨基酸、维生素等营养物质的消化吸收，从而提高饲料利用率，促进禽畜生长。

2.2.1 发酵花生粕菌株的筛选

2.2.1.1 培养基

(1) 分离培养基

MRS 液体培养基 (g/L): 蛋白胨 10, 牛肉膏 10, 葡萄糖 20, 酵母膏 5, K_2HPO_4 2, 乙酸钠 3, 柠檬酸三铵 2, $MgSO_4$ 0.2, $MnSO_4 \cdot H_2O$ 0.05, 吐温-80 1, L-半胱氨酸 0.5, pH 值 6.8, 121℃灭菌 20 min。

MRS 固体培养基 (g/L): MRS 液体培养基加琼脂 2%, pH 值 6.8, 121℃灭菌 20 min。

(2) 筛选培养基

MRS-$CaCO_3$ 固体培养基 (g/L): MRS 液体培养基加琼脂 2%, $CaCO_3$ 0.2%, pH 值 6.8, 121℃灭菌 20 min。

初筛培养基 (g/L): 酵母粉 10, 吐温-80 1, K_2HPO_4 2, 乙酸钠 3, 柠檬酸三铵 2, $MgSO_4$ 0.2, $MnSO_4 \cdot H_2O$ 0.05, L-半胱氨酸 0.5, pH 值 5.8, 120℃灭菌 20 min。香豆素单独配成溶液过滤灭菌, 由于香豆素不溶于水, 所以, 要先在 50℃左右温度下搅拌加热 1 h, 使其在水中均匀分布, 最后加入培养基中, 使香豆素的最终浓度为 0.1%。

复筛液体发酵培养基 (g/L): 蛋白胨 10, 牛肉膏 10, 葡萄糖 20, 酵母膏 5, 吐温-80 1, K_2HPO_4 2, 乙酸钠 3, 柠檬酸三铵 2, $MgSO_4$ 0.2, $MnSO_4 \cdot H_2O$ 0.05, L-半胱氨酸 0.5, pH 值 6.8, 121℃灭菌 20 min。接种前在培养基中加入 4 μg/mL 的黄曲霉毒素, 使 MRS 培养基中黄曲霉毒素的含量为 40 μg/L。

(3) 生理生化实验基础培养基

PY 培养基 (100 mL): 胰蛋白胨 1.0 g, 酵母膏 1.0 g, 无机盐溶液 4.0 mL。

盐溶液成分 (g/L): $NaHCO_3$ 10.0, K_2HPO_4 1.0, KH_2PO_4 1.0, NaCl 2.0, $MgSO_4$ 20.0, 无水 $CaCl_2$ 0.2。

(4) 发酵培养基

固态发酵培养基: 花生粕 50 g, 自来水 40 mL, 100℃灭菌 1 min。

2.2.1.2 发酵花生粕的乳酸菌筛选方法

(1) 菌种分离

取 50 g 花生粕加入 100 mL 自来水于 250 mL 的三角瓶中, 用乳酸调 pH 值至 5.5, 37℃培养 5 d, 取上清液稀释涂布在 MRS 平板上, 挑取平板上全部菌,划线分离纯化,斜面保存。然后将保存的菌落点种于 MRS-CaCO$_3$ 平板上,挑取有明显溶钙透明圈的单菌落,划线分离纯化,斜面保存。

(2) 菌种初筛

将菌种经二级活化后以 10% 的接种量接入到初筛培养液中(为避免细胞原环境中的碳源干扰,接入前 4 000 r/min 离心 10 min,弃上清,用一定量蒸馏水重悬),37℃培养 48 h。取全部菌株,4 000 r/min 离心 10 min,用蒸馏水重悬去除上清液后的菌体,以蒸馏水为空白,测定 OD$_{600}$ 值,取 OD$_{600}$ 大于 0.6 的菌株,即为能在以香豆素为唯一碳源的培养基上生长良好的菌株。

(3) 葡萄糖产酸产气实验

将在以香豆素为唯一碳源的 MRS 培养基中菌落浓度 OD$_{600}$>0.6 的菌株二级活化后以 5% 的接种量接种于含葡萄糖 30 g,吐温-80 5 mL 的 PY 基础培养基(100 mL)中,以溴甲酚紫(1.6 g/100 mL)为指示剂,在培养基内放一根倒置小试管,于 37℃培养 24 h,培养结束后,倒管内出现气泡,表示产气,指示剂变黄表示产酸。

(4) 菌种复筛

在初筛的基础上进行产酸产气实验,筛选出同型发酵乳酸菌,经二级活化后按 10% 的接种量接入到复筛液体发酵培养基中,37℃培养 72 h。培养结束后,4 000 r/min 离心 10 min,去除菌体,用高效液相色谱测上清液中 AFB$_1$ 的残留量,并做无菌空白对照。取 AFB$_1$ 降解效果最好的菌株进行产酸发酵实验。选择产酸速度快、产酸能力强的同型发酵乳酸菌进行固态发酵实验。

(5) 固态发酵

为了选择确定最优的一株,将复筛的菌种按 8% 的接种量接种到花生粕固态发酵培养基中,37℃培养 48 h,发酵 3 批,测定花生粕中 AFB$_1$ 和总酸含量。

2.2.1.3 花生粕发酵菌种的筛选结果

从发霉花生粕和发霉花生中分离得到 169 株菌,经 MRS-CaCO$_3$ 平板点种 37℃培养 3 d 后挑选出透明圈较大的菌株 139 株菌。在得到的 139 株菌中挑选出革兰氏染色阳性、酶促反应为阴性的菌株 112 株。采用以香豆素为唯一碳源的 MRS 培养基进一步筛选。

(1) 花生粕发酵菌种的初筛结果

将分离纯化的 112 株菌进行二级活化后按 10% 的接种量接入到筛选培养

液中，37℃培养 48 h 后测定 OD_{600} 时各株菌的菌浓，取 OD_{600} 大于 0.6 的菌株，即为能在以香豆素为唯一碳源的培养基上生长良好的菌株。各株菌生长情况的频数分布如图 2-1 所示。

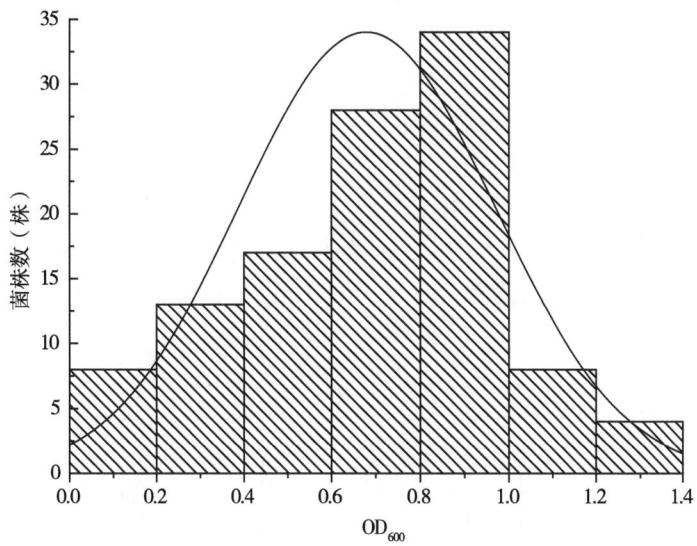

图 2-1　各株菌生长情况的频数分布

从图 2-1 中可以看出：$OD_{600}<0.2$ 的菌株有 8 株，这部分菌株在含有香豆素为唯一碳源的培养基上生长情况不好，原因可能是这些菌体细胞本身基本不能吸附黄曲霉毒素，并且这些菌体细胞内没有降解黄曲霉毒素的酶系，因而不能将香豆素降解为葡萄糖为自身提供碳源，就不能在以香豆素为唯一碳源的培养基上生长。而 OD_{600} 在 0.2~0.6 的菌株有 30 株，这些菌株可以生长，但长势不好，可能这些菌株本身对黄曲霉毒素具有一定的吸附能力，并且这些菌体内可能含有降解黄曲霉毒素的酶系，但是酶系不发达，降解黄曲霉毒素的能力有限。OD_{600} 值大于 0.6 的菌株有 74 株，其中 OD_{600} 在 0.6~1.0 的菌株有 62 株，$OD_{600}>1.0$ 的菌株有 12 株。因此，确定这 74 株菌为下一步复筛菌株。采用以香豆素为唯一碳源和能源的 MRS 培养基进行菌种的初筛富集。香豆素是 AFB_1 的基本结构，两者具有共同的香豆素母环，能在以香豆素为唯一碳源的 MRS 培养基中生长的乳酸菌，就表示能够利用香豆素作为碳源进行生长，那么这些菌株就存在利用 AFB_1 的潜能。利用香豆素代替 AFB_1 进行菌株的初筛，可以使微生物逐渐适应特定的条件。这样可以缩短适应的期限，提高多环芳香烃的生物降解速率，既能减少筛菌的盲目性，又能减少实验中直接使用AFB_1的频率，增加操作人员的安全性。

（2）花生粕发酵菌种的复筛结果

将初筛得到的74株菌经葡萄糖产酸产气实验，确定25株同型发酵乳酸菌，将菌种编号为R-01至R-25号。乳酸菌发酵分为同型乳酸发酵和异型乳酸发酵，同型乳酸发酵只产生乳酸，异型乳酸发酵除产生乳酸外，还产成乙酸、乙醇和二氧化碳等物质，在干燥时易挥发导致物料损失加大。所以，在此选择同型发酵乳酸菌。

将得到的25株菌进行二级活化后，按10%的接种量接入到复筛液体发酵培养基中，37℃培养72 h。培养结束后，用高效液相色谱测发酵液中AFB_1的残留量，并做无菌空白对照，AFB_1的脱除率如图2-2所示。

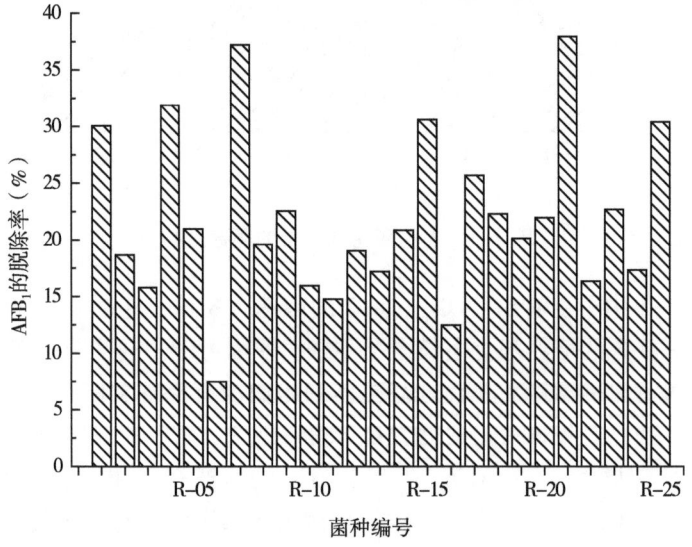

图2-2 各菌株的AFB_1脱除率

从图2-2中可以看出，R-01，R-04，R-07，R-15，R-21，R-25号菌AFB_1的脱除效果最好，脱除率分别为30.07%、31.89%、37.19%、30.61%、37.94%、30.41%，这些菌脱除黄曲霉毒素率都大于30%。将这6株菌二级活化后，以5%的接种量接种于MRS液体培养基中培养，分别于0 h、4 h、8 h、12 h、16 h、20 h、24 h取样，测定培养基中总酸含量，结果见图2-3。

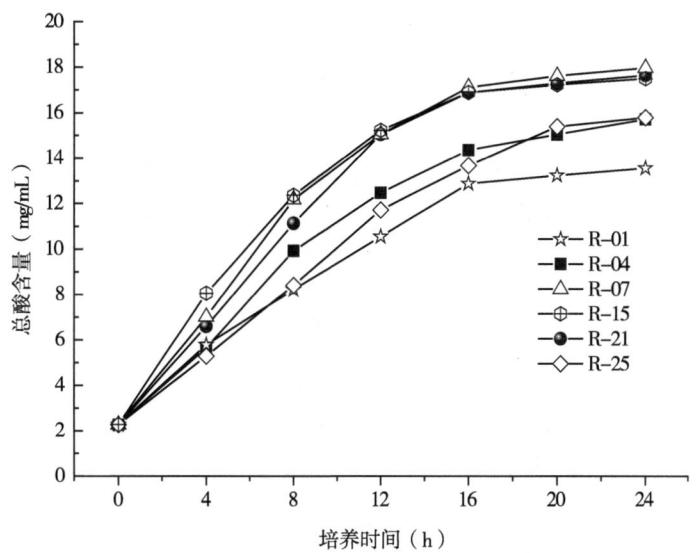

图 2-3 MRS 培养基中总酸含量的变化情况

从图 2-3 中看出，随着培养时间的延长，培养基中总酸含量逐渐增加，0~16 h 时总酸含量快速增加，16 h 以后总酸含量增加幅度减缓，有的菌株趋于平稳。而菌株 R-07、R-15、R-21 在培养 16 h 时培养基中总酸含量相对较高，总酸含量分别达到 17.13 mg/mL、16.90 mg/mL、16.89 mg/mL，说明菌株 R-07、R-15、R-21 产酸多且速度快，产酸能力相对较强。

（3）花生粕固态发酵实验结果

为了进一步确定最优菌株，将菌株 R-07、R-15、R-21 按 8% 的接种量接种到花生粕中，37℃ 培养 48 h，发酵 3 批，发酵结束后烘干粉碎，测定花生粕中 AFB_1 和总酸的含量，结果如图 2-4 所示。

Van Winsen 等[153]研究指出，饲料液体发酵的乳酸菌的发酵结果 pH 值在 4.5 以下，乳酸产量不低于 2.7%，醋酸产量不高于 0.72% 是理想的。从图 2-4 中可以看出，进行固态发酵后测定总酸含量，三株菌产酸能力基本相同，菌株 R-21 产酸能力最强，为 3.43%。菌株 R-07 次之，总酸含量为 3.25%。菌株 R-07 脱除 AFB_1 的效果最好，去除率达 40.78%。

综合以上分析，菌株 R-07 生长情况良好，不仅产酸能力强，产酸速度快，固态发酵时基质中总酸含量能达到 3.25%，而且 AFB_1 的脱除效果最好，脱除率达 40.78%。因此，选择菌株 R-07 为发酵菌株。

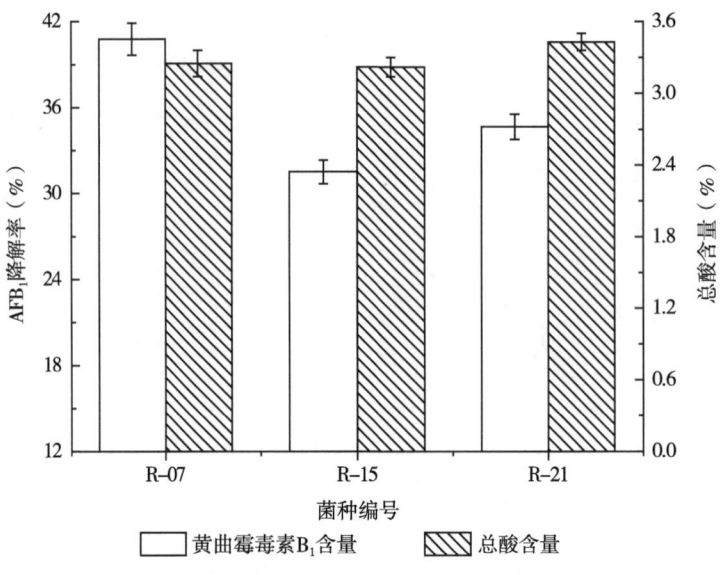

图 2-4 发酵前后花生粕中 AFB$_1$ 脱除率和总酸含量

2.2.1.4 花生粕发酵菌种的鉴定

(1) 菌落及菌种的形态鉴定

将 R-07 号菌株在 MRS 平板上于 37℃培养 48 h 后观察菌落形态,革兰氏染色后在显微镜下观察细胞形状。

菌落形态:初期为小圆点,菌落较小,呈微黄色状,一段时间后菌落稍大,为半球面透镜或菱形、白色到很浅的黄色、不透明、边缘整齐、菌落表面湿润光滑,培养基不变色(图 2-5a),并且有明显的酸味。

菌体特点:革兰氏阳性菌,革兰氏染色为紫色,镜检细胞形态呈短杆状,宽度小于 1.5 μm,两端呈方形,且倾向于形成链。无鞭毛,不运动(图 2-5b)。

(2) 菌种的分子鉴定

将 R-07 号菌株 16S rDNA 基因序列在 NCBI 进行 BLAST 比对,结果表明,R-07 号菌与干酪乳杆菌和副干酪乳杆菌的同源性最高,达到 99%,副干酪乳杆菌是干酪乳杆菌的一个亚种[154]。一般认为,同源性大于 98%可以认为属于同一个种[155]。因此,可以确定菌株 R-07 为干酪乳杆菌,命名为 *Lactobacillus casei* R-07,基因系统进化树见图 2-6。

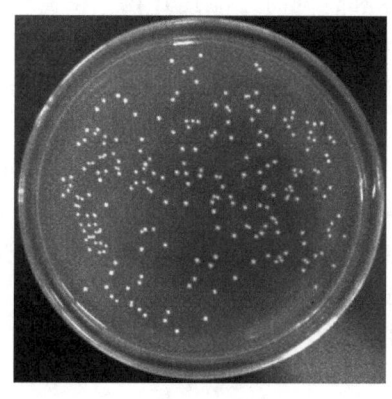

（a）菌株R-07菌落形态　　　　　　　（b）菌株R-07镜检情况

图 2-5　菌株 R-07 菌落形态及镜检情况

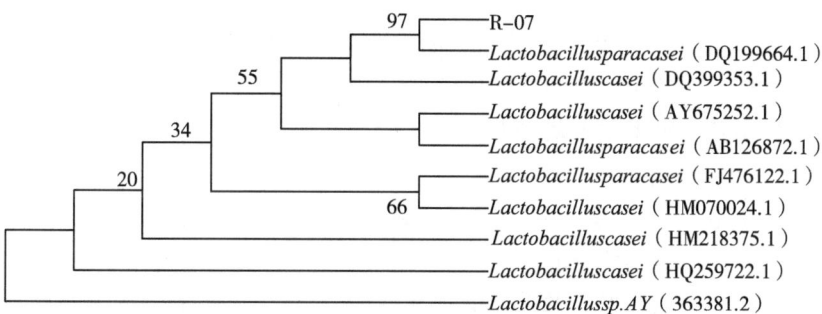

图 2-6　菌株 R-07 基因系统进化树

综上所述，根据 R-07 号菌株的菌落和菌株形态观察以及 16S rDNA 序列分析，初步鉴定 R-07 号菌株为干酪乳杆菌，命名为 *Lactobacillus casei* R-07。

2.2.2　AFB_1 降解菌株的筛选及鉴定

花生粕易感染黄曲霉菌，产生的黄曲霉毒素种类较多，其中含量最多、危害最大的是黄曲霉毒素 B_1（AFB_1）。AFB_1 会对动物的肝脏造成伤害，并对其生长性能产生显著影响。目前，去除黄曲霉毒素的方法主要有物理法、化学法和生物法。物理法、化学法主要采用吸附法、强氧化剂处理法等，易造成黄曲霉毒素去除不完全、产品营养损失等问题，限制了其在实际生产中的应用。生物法处理条件温和，同时还能提升花生粕营养价值及饲用品质，近年来备受关注。通过筛选获得能高效降解黄曲霉毒素的菌株，将其应用于工业生产中，通过降解花生粕中的黄曲霉毒素，提高产品的饲用安全性[62]。

2.2.2.1 培养基制备

（1）初筛培养基（Hormisch 改良培养基[156]）

KH_2PO_4 0.25 g/L，$MgSO_4 \cdot 7H_2O$ 0.25 g/L，KNO_3 0.5 g/L，$(NH_4)_2SO_4$ 0.5 g/L，$CaCl_2 \cdot 2H_2O$ 0.005 g/L，$FeCl_3 \cdot 6H_2O$ 0.003 g/L，琼脂 18 g/L，pH 值 7.0，121℃高压灭菌 20 min 后加入香豆素 1 g/L。

（2）肉汤培养基

牛肉膏 5 g/L，蛋白胨 10 g/L，NaCl 5 g/L，葡萄糖 10 g/L，pH 值 7.0。

（3）复筛液体培养基

肉汤培养基中加入 4 μg/mL 的 AFB_1，使其终浓度为 20 μg/L。

（4）抑菌培养基

PDA 培养基灭菌冷却至 50℃，倒入中央放置有牛津杯的平板中，凝固，去除牛津杯，制备中央有圆孔的抑菌培养基。

2.2.2.2 AFB_1 降解菌株的初筛

（1）初筛方法

分别称取粉碎后发霉花生、花生粕 20 g，装入加有 80 mL 无菌水的 250 mL 三角瓶中，200 r/min 摇床振荡 30 min 后过滤，吸取 10 mL 滤液接种于肉汤培养基中，37℃，200r/min 富集培养 24 h。吸取上述菌液进行梯度稀释，稀释菌悬液涂布于以香豆素为唯一碳源的初筛培养基上，37℃培养 2~3 d，观察培养基上的菌落生长情况，对不同形态的菌落进行编号，获得初筛菌株。

（2）初筛结果

按初筛方法筛选得到 8 株能够在初筛培养基上生长的菌株，将其编号为 HS-1、HS-2、HS-3、HSP-4、HSP-5、HSP-6、HSP-7、HSP-8。HS-1、HS-2、HS-3 均筛选自发霉花生，HSP-4、HSP-5、HSP-6、HSP-7、HSP-8 均筛选自发霉花生粕。香豆素为 AFB_1 的结构类似物（图 2-7），两者具有共同的香豆素母环，能够在以香豆素为唯一碳源的培养基上生长的菌株，具有降解 AFB_1 的潜力，从而初步筛选出能够降解 AFB_1 的菌株。

利用 AFB_1 的结构类似物香豆素代替 AFB_1 进行菌株的初筛，可以使微生物逐渐适应特定的筛选环境。不仅能够减少筛菌过程中选择的盲目性，又能降低实验操作中直接使用 AFB_1 的频率,增加实验操作人员的安全性。

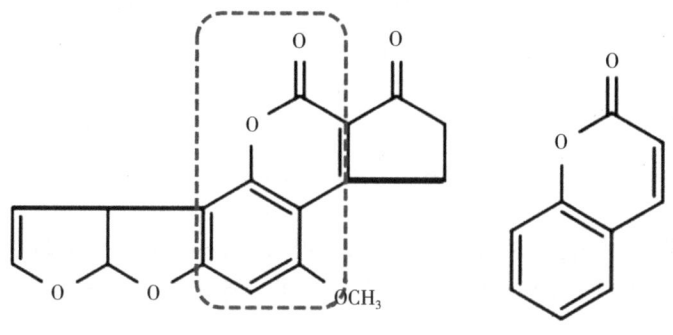

(a) AFB_1 的化学结构　　　　(b) 香豆素的化学结构

图 2-7　AFB_1 和香豆素的化学结构

发霉花生以及花生粕中能够筛选出利用香豆素为碳源生长的菌株,主要是因为发霉环境中产生的黄曲霉毒素本身就是一种选择压力,对降解黄曲霉毒素菌株起到很好的选择作用。这也为 AFB_1 降解菌株的筛选提供了很好的选择资源。

2.2.2.3　AFB_1 降解菌株的液态发酵

(1) 复筛方法

将初筛得到的 8 株菌株分别接入肉汤培养基中,经 24 h 一级活化,12 h 二级活化后,以 10% 接种量接种于复筛液体培养基中,37℃,200 r/min 振荡培养 48 h。发酵液经 10 000 r/min 离心 10 min 取上清液,提取 AFB_1,利用高效液相色谱法测定上清液中 AFB_1 含量。比较各个菌株对 AFB_1 降解率,选取降解率较大的菌株做进一步筛选。

(2) 复筛结果

按复筛方法测定得到的各菌株对 AFB_1 的降解情况见表 2-3。

表 2-3　不同初筛菌株液态发酵对 AFB_1 的降解作用

菌株编号	菌株来源	AFB_1 降解率 (%)
HS-1	发霉花生	32.12
HS-2	发霉花生	45.32
HS-3	发霉花生	30.87
HSP-4	发霉花生粕	35.69

(续表)

菌株编号	菌株来源	AFB_1 降解率（%）
HSP-5	发霉花生粕	58.77
HSP-6	发霉花生粕	52.45
HSP-7	发霉花生粕	38.44
HSP-8	发霉花生粕	48.98

从表中可以看出，HS-2、HSP-5、HSP-6、HSP-8 菌株有较好的降解效果，对应 AFB_1 的降解率都在 45% 以上，可以选作候选菌株进行下一步筛选试验。

2.2.2.4 AFB_1 降解菌株的固态发酵复筛

（1）复筛方法

选取液态发酵复筛中得到的对 AFB_1 降解率较大的菌株，经二级活化后以 10% 接种量，1:0.8 的料液比接入装有 20 g 花生粕的 250 mL 发酵瓶中，37℃发酵 72 h。取发酵后花生粕于 65℃烘干 4 h，粉碎机粉碎后提取 AFB_1，高效液相色谱法测定其含量。比较各个菌株对 AFB_1 降解效果，选取降解效果较明显的菌株，进行抑制黄曲霉生长实验。本次实验所选择的花生粕样品中 AFB_1 的初始含量为 298.74 μg/kg。

（2）复筛结果

采用复筛方法测定各个菌株对花生粕中 AFB_1 的降解情况，结果见表 2-4。从表中可以看出菌株 HSP-5、HSP-8 对发霉花生粕中 AFB_1 的降解效果最明显，相对应有 56.04%、52.99% 的降解率，明显高于其他菌株。

试验所采用的发霉花生粕中 AFB_1 的初始含量为 298.74 μg/kg，为高污染的花生粕样品，选用其作为复筛样品对菌株具有更高的筛选压力，能够更好地筛选出高效降解 AFB_1 的菌株。

表 2-4　不同复筛菌株固态发酵对 AFB_1 的降解作用

菌株编号	菌株来源	AFB_1 降解率（%）
HS-2	发霉花生	43.18
HSP-5	发霉花生粕	56.04
HSP-6	发霉花生粕	46.06
HSP-7	发霉花生粕	38.44
HSP-8	发霉花生粕	52.99

2.2.2.5 抑制黄曲霉生长实验

（1）实验方法

将黄曲霉（实验室保藏菌株 HQM-1）接种于 PDA 平板，30℃培养 7 d 后，挑取平板上的孢子于无菌水中，混匀，将孢子浓度调整为 1×10^5 cfu/mL，吸取 100 μL 黄曲霉孢子液于抑菌培养基中央圆孔中，将 4 片直径 6 mm 的无菌滤纸片分别置于距抑菌培养基中央圆孔 3 cm 处。在每张滤纸片上分别滴加 8 μL 经活化后的菌株 HSP-5、HSP-8 培养液（1×10^8 cfu/mL），重复 5 个抑菌培养基平板，37℃恒温培养箱中培养 7 d，观察其抑菌情况[157]。选取抑制黄曲霉生长明显的菌株作为目标菌株。

（2）实验结果

按照抑制黄曲霉生长实验方法测定 HSP-5、HSP-8 两菌株对黄曲霉的抑制效果，对比发现菌株 HSP-5 有更强的抑制作用，结果见图 2-8。滤纸片周围生长有菌株 HSP-5，中间呈现黄绿色被抑制的是黄曲霉（实验室保藏菌株 HQM-1），菌株 HSP-5 对黄曲霉有很明显的抑制作用，可能是因为菌株 HSP-5 在生长过程中代谢产生某种活性物质，抑制黄曲霉的生长。黄曲霉生长受到抑制相应地减少了其代谢产生 AFB_1。该菌株不仅从源头上抑制黄曲霉产生黄曲霉毒素，而且有效降解已产生的 AFB_1，具有较高的工业应用前景。

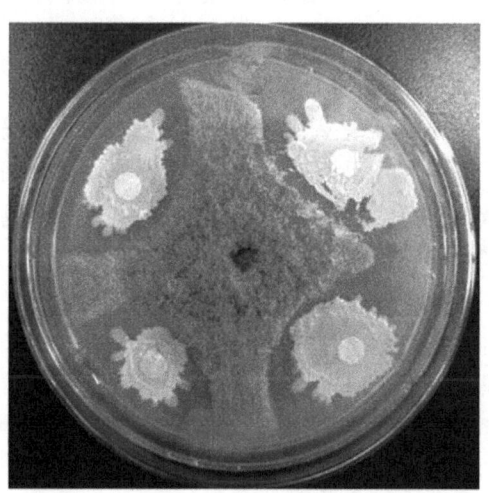

图 2-8　菌株 HSP-5 抑制黄曲霉生长

2.2.2.6 菌种鉴定

(1) 采用形态学特征进行鉴定[158]

鉴定方法。根据参考文献[58]所述方法进行鉴定。

形态特征观察。菌株 HSP-5 在肉汤琼脂培养基上菌落形状不规则，见图 2-9 (a)；有皱褶，边缘不整齐，灰白色，中央隆起，菌落黏稠。在肉汤培养基中生长时，形成白色皱醭。革兰氏染色镜检阳性，见图 2-9 (b)；菌体中央部位有芽孢，见图 2-9 (c)。从菌株 HSP-5 形态特征观察可以初步判定其为芽孢杆菌属，而且更接近于解淀粉芽孢杆菌或枯草芽孢杆菌，但需要进一步的序列分析准确判定其类型。

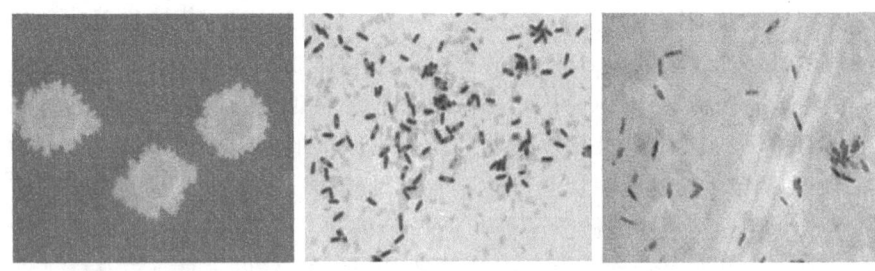

(a) 菌株HSP-5菌落形态　(b) 菌株HSP-5革兰氏染色镜检照片　(c) 菌株HSP-5芽孢染色镜检照片

图 2-9　菌株 HSP-5 菌落形态及镜检照片

(2) 16S rDNA 序列分析进行菌种鉴定

鉴定方法。按照提取细菌基因组的试剂盒说明书流程提取菌株 HSP-5 的 DNA。经过 PCR 扩增，测序，将最终得到的基因序列在 NCBI 上进行 Blast 比对分析，将比对后的数据应用 MEGA5.0 软件进行基因系统进化树的构建和基因系统进化关系分析[159]。

16S rDNA 序列测定和进化树分析结果。将 16S rDNA 基因序列经 NCBI 数据库同源序列比对分析，选择与其同源性最相近的 7 条序列进行多重比较，并将比对后的数据应用 MEGA 5.0 软件进行基因系统进化树的构建和基因系统进化关系分析，结果见图 2-10。7 个序列来源物种中有 2 个为解淀粉芽孢杆菌（*Bacillus amyloliquefaciens*），2 个为枯草芽孢杆菌（*Bacillus subtilis*），2 个为地衣芽孢杆菌（*Bacillus licheniformis*），1 个为短小芽孢杆菌（*Bacillus pumilus*）。在进化树中最相近的菌株为解淀粉芽孢杆菌，同源性达 99%以上。同源性大于 98%，一般可以认为属于同一个种。

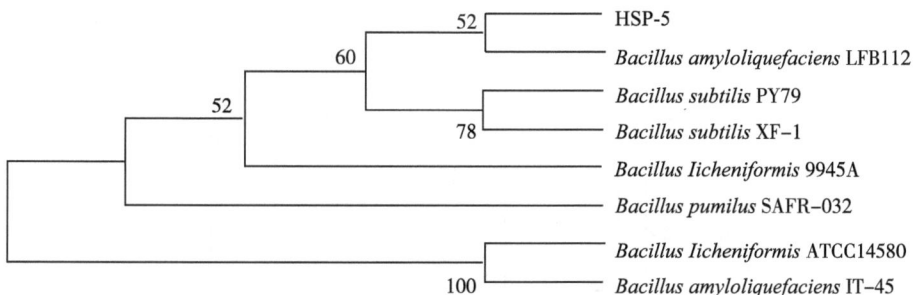

图 2-10 菌株 HSP-5 基因系统进化树

综上所述,根据形态特征观察并结合 16S rDNA 序列分析结果,确定菌株 HSP-5 为解淀粉芽孢杆菌,并且该菌株已于 2014 年 4 月 8 日保藏于中国微生物菌种保藏管理委员会普通微生物中心,保藏号为 CGMCC No. 9021。同时将该菌株命名为 *Bacillus amyloliquefaciens* CGMCC-9021。

2.2.2.7 AFB_1 降解菌株降解特性的初步研究

(1) 活性物质存在部位的研究

研究方法。目标菌株活化后接入肉汤培养基中发酵 48 h。发酵液经 10 000 r/min 离心 10 min,取 5 mL 上清液,将离心沉淀细胞用无菌水制备成 5 mL 悬浮液,同样方法再制备 1 份 5mL 菌体细胞悬浮液,置于超声细胞破碎仪中,探头插入样品液中 4 cm 处,并且样品管放入冰浴中,防止升温过快破坏胞内物质活性;将细胞破碎仪的变幅杆调至 φ6 档位(60~650 W),开启电源,调节以下参数:总时间 50 min,超声工作时间 5 s,超声间歇时间 5 s,温度报警 4℃,超声功率 92%(600 W)。将超声破碎后的样品于 10 000 r/min,4℃条件下离心 20 min,获得胞内提取液。之后分别向 5 mL 的上清液、菌体悬浮液、胞内提取液中加入 4 μg/mL 的 AFB_1,使其最终含量为 100 ng,最终浓度达到 20 μg/L,对照为加有同样浓度 AFB_1 的经灭菌的肉汤培养基。37℃,200 r/min 振荡反应 72 h,之后测定 3 种条件下的 AFB_1 含量。比较上清液、菌体悬浮液、胞内提取液对 AFB_1 的降解效果。

研究结果。将解淀粉芽孢杆菌经活化、发酵、离心和细胞破碎等操作后各制备出 5 mL 的上清液、菌体细胞悬浮液、胞内提取液 3 种组分,按研究方法所述步骤得到相应的结果如图 2-11 所示。

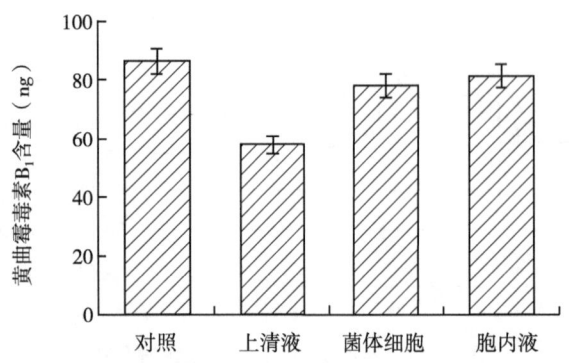

图 2-11 解淀粉芽孢杆菌各部分对 AFB$_1$ 的降解作用

从图 2-11 可以看出，发酵后的上清液具有明显降解 AFB$_1$ 的作用，而菌体细胞、胞内液对 AFB$_1$ 的降解效果甚微；说明解淀粉芽孢杆菌降解 AFB$_1$ 的活性物质主要集中在上清液中，这种特性也使得该活性物质便于提取获得，也更容易直接作用于 AFB$_1$。

（2）活性物质的类型研究

研究方法。 目标菌株活化后接入肉汤培养基中发酵 48 h。发酵液经 10 000 r/min 离心 10 min 取 5 mL 上清液，对上清液加热（100℃，10 min）或加入不同浓度的蛋白酶 K（0.1 mg/mL、1 mg/mL）处理，对照 1 为 5 mL 肉汤培养基，对照 2 为不经任何处理的 5 mL 上清液，分别在实验组和对照组中加入 4 μg/mL 的 AFB$_1$，使其最终含量为 100 ng，最终浓度达到 20 μg/L。37℃，200 r/min 振荡反应 72 h，之后测定各种条件下的 AFB$_1$ 含量。

活性物质类型的鉴别结果。 解淀粉芽孢杆菌活化后接入肉汤培养基中发酵 48 h。按研究方法所述步骤测得各种条件作用后的 AFB$_1$ 含量如图 2-12 所示。

从图 2-12 可以看出，上清液经加热处理（100℃，10 min）后其降解 AFB$_1$ 的活性消失，说明存在于上清液中的活性物质对温度非常敏感，在高温条件下其相应的活性消失。蛋白酶 K 是一种切割活性较广的丝氨酸蛋白酶，具有降解天然蛋白质的能力，它切割脂肪族氨基酸和芳香族氨基酸的羧基端肽键，在较广的 pH 值范围内（pH 值 4~12.5）均有活性。而上清液经过不同浓度蛋白酶 K 处理后，其降解 AFB$_1$ 活性随着蛋白酶 K 浓度从 0.1

mg/mL 到 1 mg/mL 的增加而明显降低。因此，从上述特征可以说明存在于上清液中具有降解 AFB$_1$ 的活性物质为一种活性蛋白质。

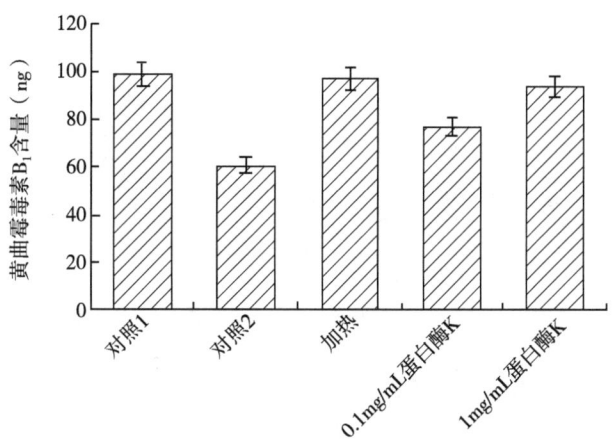

图 2-12 不同处理方式对 AFB$_1$ 的降解作用

（3）底物存在与否对降解 AFB$_1$ 的影响

① 研究方法。将活化后的目标菌株分别接入加有底物 AFB$_1$ 的肉汤培养基以及不加底物 AFB$_1$ 的肉汤培养基中发酵 48 h，10 000 r/min 离心 10 min 取上清液，测定加有底物上清液中 AFB$_1$ 含量。分别取两种条件下的上清液各 5 mL，加入 4 μg/mL 的 AFB$_1$，使其最终含量为 100 ng，最终浓度达到 20 μg/L，对照为加入同等浓度 AFB$_1$ 的 5 mL 肉汤培养基。37℃，200 r/min 振荡作用 72 h。测定作用后各条件下的 AFB$_1$ 含量。有底物存在的上清液中 AFB$_1$ 含量等于第二次测定的 AFB$_1$ 含量减去第一次测定的 AFB$_1$ 含量。

② AFB$_1$ 底物存在对活性物质产生的影响。将活化后的解淀粉芽孢杆菌分别接入加有底物 AFB$_1$ 的肉汤培养基以及不加底物 AFB$_1$ 的肉汤培养基中发酵 48 h，按研究方法所述步骤，测得各种条件下 AFB$_1$ 含量，结果如图 2-13 所示。

由图 2-13 可以看出，发酵过程是否存在 AFB$_1$ 底物，对 AFB$_1$ 的降解效果没有明显区别，说明该菌株产生降解 AFB$_1$ 的作用物质的机制为非诱导型。在不加底物的情况下就能够产生降解 AFB$_1$ 的作用物质，在实际工业应用中不需要添加底物，更加经济、高效。

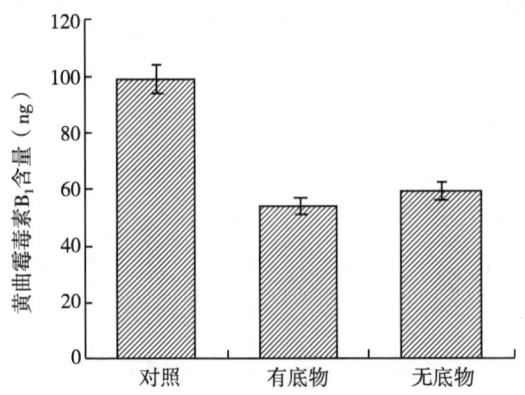

图 2-13 AFB$_1$ 底物存在对活性物质产生的影响

2.2.2.8 AFB$_1$ 降解菌株的筛选及鉴定小结

经过筛选最终获得一株不仅能够抑制黄曲霉生长，而且能够有效降解 AFB$_1$ 的菌株。经形态学观察以及 16S rDNA 序列比对分析，确定其为解淀粉芽孢杆菌（*Bacillus amyloliquefaciens* CGMCC-9021）。

该菌种所分泌降解 AFB$_1$ 的活性物质具有一定的优势，其对 AFB$_1$ 的降解为胞外酶的降解作用，而并非菌体的吸附作用，且分泌蛋白酶是解淀粉芽孢杆菌的固有能力，无需诱导可以直接产生，这些条件都有利于该菌株的工业化应用。

2.3 菌种的制备

2.3.1 乳酸菌的制备

（1）乳酸菌活化

将实验室前期保藏的乳酸菌在超净工作台上接种在 MRS 培养基（10 mL）中，并在生化培养箱中进行 37 ℃下培养 48 h，随后将乳酸菌活化液以 2%的比例接种于 MRS 培养基（500 mL）中，并在生化培养箱中 37 ℃下培养 24 h，为后期的菌种扩培做准备。

（2）乳酸菌的扩培

一级扩培：将上述乳酸菌活化培养液以 2%的比例接种于 MRS 培养基（25 L）中，控制发酵温度 37 ℃，搅拌转速 60 rpm，培养 24 h。

二级扩培：在二级种子扩培罐中投入豆粕 30 kg，自来水 1 000 L，121℃灭菌 20 min，冷却后将一级扩培液打入到二级种子扩培罐中，控制发酵温度 37 ℃，搅拌转速 60 rpm，培养 16 h。

2.3.2 芽孢杆菌的制备

（1）芽孢杆菌活化

将实验室前期保藏的芽孢杆菌在超净工作台上接种在 LB 培养基（10 mL）中，并在生化培养箱中进行 37 ℃下培养 48 h，随后将芽孢杆菌活化液以 5%的比例接种于 LB 培养基（200 mL）中，并控制摇床转速为 250 r/min，温度 37 ℃，振荡培养 36 h，为后期的菌种扩培做准备。

（2）芽孢杆菌的扩培

一级扩培：将上述芽孢杆菌活化培养液以 2%的比例接种于 LB 培养基（10 L）中，控制发酵温度 37 ℃，转速 180 r/min、通气量 6 L/min，培养 24 h。

二级扩培：在二级种子扩培罐中投入豆粕 30 kg，自来水 500 L，121℃灭菌 20 min，冷却后将一级扩培液打入到二级种子扩培罐中，控制发酵温度 37 ℃，转速 180 r/min、通气量 1 VVM，培养 16 h。

2.4 发酵工艺

花生粕的营养价值高，适口性好，是一种优质饲用蛋白源，但由于花生粕氨基酸比例失调，影响动物机体对其营养物质的吸收和利用，含有一些抗营养因子，主要包括植酸、胰蛋白酶抑制因子、植物性血球凝集素、致甲状腺肿素等，极易感染黄曲霉毒素，难以长时间贮藏。因此需要对花生粕进行发酵处理，实现花生粕的高效利用。

2.4.1 花生粕发酵处理的好处[69]

花生粕经发酵处理，能够提高花生粕的小分子蛋白质、必需氨基酸、总酸等营养物质含量，有效去除花生粕中的抗营养因子，产生大量的益生菌和未知生长因子（UGF）。发酵花生粕应用于动物生产中，能够提高动物的生产性能，促进营养物质的吸收利用，调节肠道菌群，提高机体免疫力[3]。

（1）发酵可将花生蛋白降解为小肽，促进营养物质的吸收利用

动物对蛋白质的消化吸收大多是以寡肽的形式，以游离氨基酸形式吸收

的比例很小。因此，将花生粕通过微生物菌种发酵处理后，能降解花生粕中大分子量的抗原蛋白，得到植物小肽含量丰富的发酵花生粕，实现花生粕的体外预消化，可提高其在动物体内的消化吸收率。

（2）发酵可有效去除花生粕中的抗原成分

采用微生物发酵处理花生粕，可有效降低和去除花生粕中的抗原成分、胰蛋白酶抑制因子、黄曲霉毒素 AFB_1，这种无抗原的植物小肽吸收率高，可作为幼畜幼禽以及水产动物的优良蛋白质来源。

（3）发酵可获得含各种益生因子的代谢产物

发酵花生粕在降解花生蛋白过程中产生大量的益生菌、寡肽、谷氨酸、乳酸及 UGF 等物质，可以调节肠道菌群，提高动物机体免疫力，抑制消化道疾病的发生，促进动物生长，提高动物的成活率，减少疫苗抗生素等药物使用量。

（4）发酵能改善饲料风味及品质

发酵花生粕具有独特的芳香味，因此，利用发酵法处理花生粕可很好地提高其饲用价值。

2.4.2 花生粕发酵工艺优化

2.4.2.1 单因素实验

初始发酵条件为：装样量 50 g/250 mL；原料处理 100℃ 1 min；蛋白酶种类为酸性蛋白酶；蛋白酶添加量 100 U/g；植酸酶添加量 1 U/g；乳酸菌接种量为 8%；发酵温度 35℃；料液比 1∶0.8；发酵时间 48 h。主要研究添加蛋白酶种类（酸性蛋白酶、中性蛋白酶）、蛋白酶添加量（0~1 000 U/g）、植酸酶添加量（0~8 U/g）、乳酸菌接种量（0~10%）、料液比（1∶0.4~1∶1.6）、发酵温度（30~40℃）、原料处理（不灭菌、100℃ 1 min、105℃ 10 min、121℃ 20 min）和发酵时间（0~96 h）对发酵花生粕产花生粕肽和乳酸含量的影响以及植酸酶添加量对发酵花生粕中植酸和无机磷含量的影响。

（1）菌种培养工艺对花生粕发酵的影响

乳酸菌适合在 MRS 培养基中生长，但是 MRS 培养基配方复杂，不适合工厂大规模使用。用花生粕培养基代替 MRS 培养基在二级活化时培养乳酸菌，培养 12 h 后，乳酸菌菌数为 $2.88×10^{10}$ cfu/mL，与 MRS 培养基培养的乳酸菌数 $3.04×10^{10}$ cfu/mL 相当。由于花生粕培养基配方简单，且成本低廉，培养效果好，适合工厂大规模生产。

(2) 蛋白酶种类对花生粕发酵的影响

由于乳酸菌水解蛋白的能力很弱,花生粕中游离氨基酸及短肽的含量很低,严格限制乳酸菌在花生粕中的高密度生长,从而限制花生粕中多肽及总酸的含量。考察不同种类蛋白酶对发酵花生粕中总酸和肽含量的影响,其他条件为:原料处理100℃ 1 min,蛋白酶添加量100 U/g,植酸酶添加量1 U/g,乳酸菌接种量为8%,发酵温度35℃,料液比1:0.8,发酵时间48 h。结果如图2-14所示。

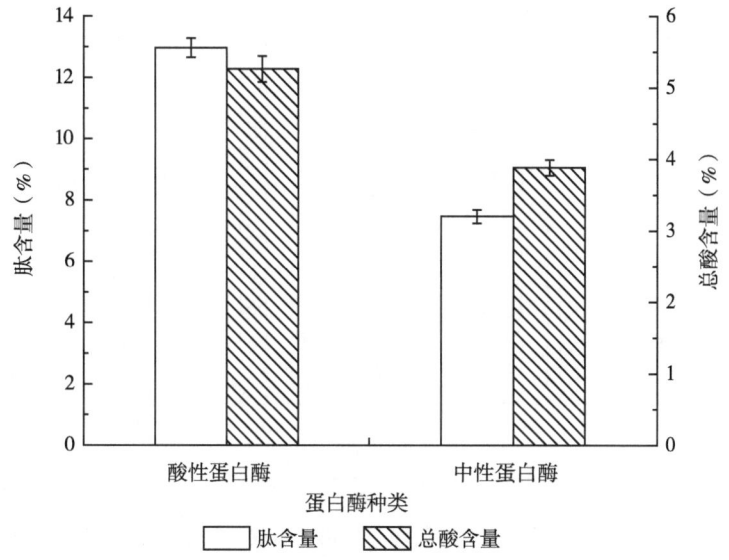

图2-14 蛋白酶种类对花生粕中总酸和肽含量的影响

从图2-14可以看出,使用酸性蛋白酶发酵花生粕的总酸含量为5.26%,肽含量为12.97%,而使用中性蛋白酶发酵花生粕的总酸含量为3.88%,肽含量为7.47%。使用酸性蛋白酶的发酵结果远远好于中性蛋白酶,这和乳酸菌固态发酵体系的pH值较低,而酸性蛋白酶的最适pH值偏酸有关。因此,在固态发酵时选择添加酸性蛋白酶。

(3) 蛋白酶添加量对花生粕发酵的影响

在考察蛋白酶添加种类的基础上,继续考察蛋白酶的添加量。选用酸性蛋白酶,添加量分别为0、50 U/g、100 U/g、200 U/g、400 U/g、600 U/g、800 U/g、1 000 U/g,其他条件为:原料处理100℃ 1 min,植酸酶添加量1 U/g,乳酸菌接种量为8%,发酵温度35℃,料液比1:0.8,发酵时间为

48 h。结果如图 2-15 所示。

由图 2-15 可知,当酸性蛋白酶用量在 0 到 600 U/g 之间变化时,花生粕肽含量随着蛋白酶添加量的增加而提高,而当酸性蛋白酶用量增加到 600 U/g 到 1 000 U/g 的范围内,肽含量的变化不大。因此,应控制加酶量在 600 U/g 以内较为合理。综合考虑酶的价格以及发酵花生粕肽含量大于 10%,控制酶的加入量为 100 U/g。

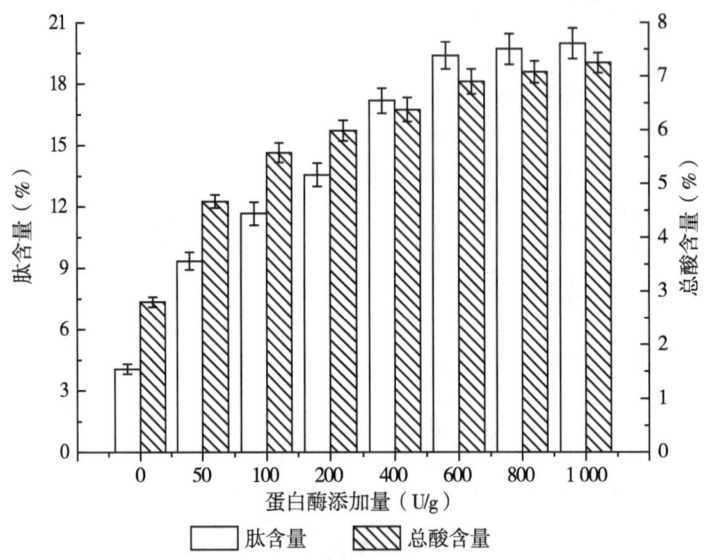

图 2-15 蛋白酶添加量对花生粕中总酸和肽含量的影响

(4) 植酸酶添加量对花生粕发酵的影响

植酸在花生粕中的含量约 1.5%,是花生粕中主要的抗营养因子。植酸不仅通过磷酸基团与蛋白质分子结合抑制胃蛋白酶、胰蛋白酶的活性,影响蛋白质的吸收利用;还可与镁、锌、钙、铜、铁等金属离子结合形成植酸盐络合物,阻碍畜禽对微量元素的吸收[3]。

植酸酶可以有效地降解植酸,为了既经济又有效地发挥植酸酶的最大作用,特考察植酸酶添加量对花生粕发酵的影响,结果如图 2-16 所示。

由图 2-16 看出,当植酸酶添加量为 0 时,花生粕中植酸含量为 1.38%,无机磷含量为 0.11%,当植酸酶添加量为 0.1 U/g 花生粕时,花生粕中植酸含量降为 0.72%,无机磷含量为 0.30%。随着植酸酶添加量的增加,植酸含量不断降低,无机磷含量不断增加。当植酸酶添加量增加到

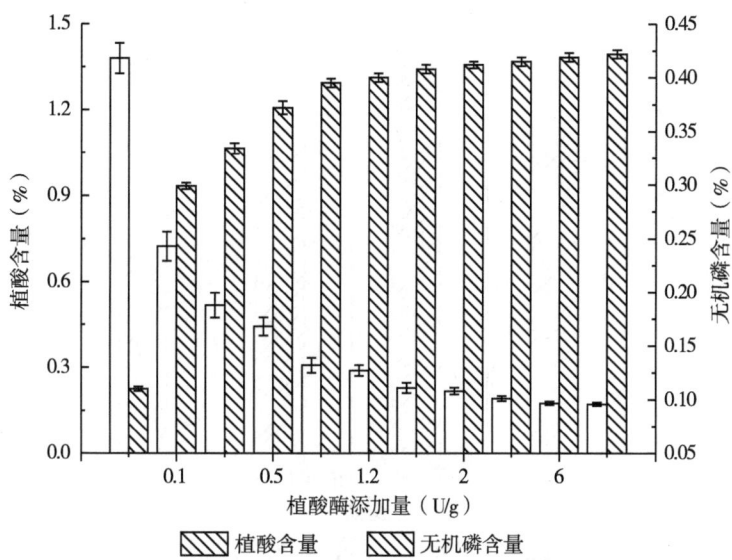

图 2-16 植酸酶添加量对花生粕中植酸和无机磷含量的影响

1.5 U/g 花生粕时，花生粕中植酸含量为 0.23%，无机磷含量为 0.41%。继续增加植酸酶添加量，植酸含量降低不明显，无机磷含量的增加也趋于稳定。

综合考虑植酸酶价格以及植酸酶的降解效果，选择植酸酶的添加量为 1.5 U/g。

（5）原料处理对花生粕发酵的影响

花生粕中含有丰富的蛋白质和大量的微生物，原料加热处理会破坏花生粕中的蛋白质，使其变性，并且会杀死部分微生物。为了考察原料处理方式对发酵花生粕的影响，在以上优化实验的基础上，选取不灭菌、100℃灭菌 1 min、105℃灭菌 1 mim、100℃灭菌 10 min 和 121℃灭菌 20 min 等原料处理条件进行发酵实验，结果如图 2-17 所示。

原料经处理后，考察了不同杀菌强度下的微生物群落结构，不灭菌花生粕中大约有 6 类微生物，细菌 5 类，约 3.3×10^4 cfu/g，霉菌 1 类，约 3×10^2 cfu/g。100℃灭菌 1 min 的花生粕中仅有芽孢杆菌属，数量级为 10^2 cfu/g，无其他杂菌存在，100℃灭菌 1 min 基本上已经达到了灭菌目的。

从图 2-17 可以看出，不灭菌时肽含量和总酸含量分别为 12.91% 和 6.13%，100℃灭菌 1 min 时肽含量和总酸含量均最高，分别达到 14.24% 和

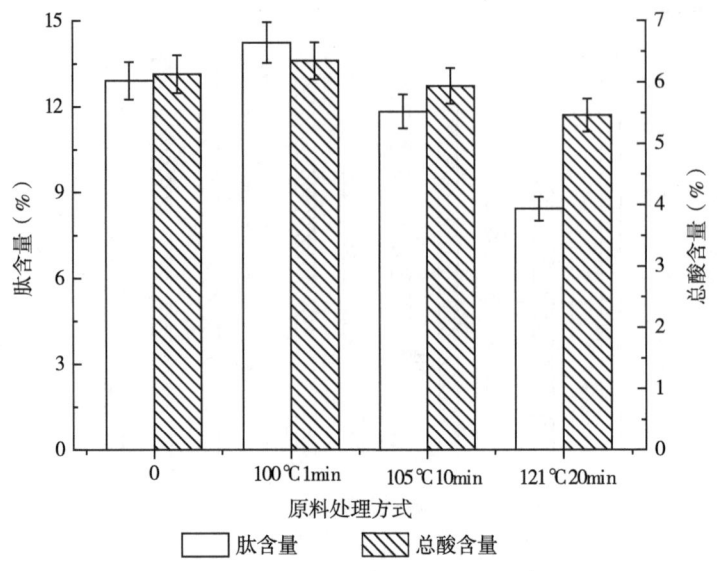

图 2-17 原料处理对花生粕中总酸和肽含量的影响

6.35%。随着原料处理强度的增加,肽和总酸含量均逐渐降低,121℃灭菌 20 min 时肽和总酸含量均最低,分别为 8.43% 和 5.46%。另外,经 100℃灭菌 1 min 处理过的花生粕发酵后气味酸甜芳香,而没经过灭菌的花生粕经过发酵后气味不愉快,应该是花生粕中含有大量杂菌,产生了醋酸以及其他物质引起的。原料处理强度增加,肽含量低,和蛋白质过度变性有关。加热过度不仅会破坏蛋白质的营养,还会降低适口性。营养价值降低的原因包括氨基酸氧化变质,形成新的不为酶水解的氨基酸键结合等反应形式[160]。肽含量和总酸含量都是在 100℃ 1 min 时达到最大值。综合以上考虑,原料处理方式选择 100℃灭菌 1 min。

(6) 乳酸菌接种量对花生粕发酵的影响

在以上实验的基础上,确定酸性蛋白酶添加量 100 U/g,原料处理 100℃ 1 min,植酸酶添加量 1 U/g。分别按 0、2%、4%、6%、8% 和 10% 接种量接种乳酸菌发酵花生粕,进一步考察乳酸菌的接种量对发酵花生粕品质的影响,其他条件保持不变,结果如图 2-18 所示。

从图 2-18 可知,当乳酸菌接种量由 0 提高到 10% 时,花生粕中肽含量由 16.09% 下降到 11.02%。当乳酸菌接种量由 0 增加到 6% 时,基质中总酸含量相应增加,在接种量为 6% 时,总酸含量达到 5.68%。但是,当接种量

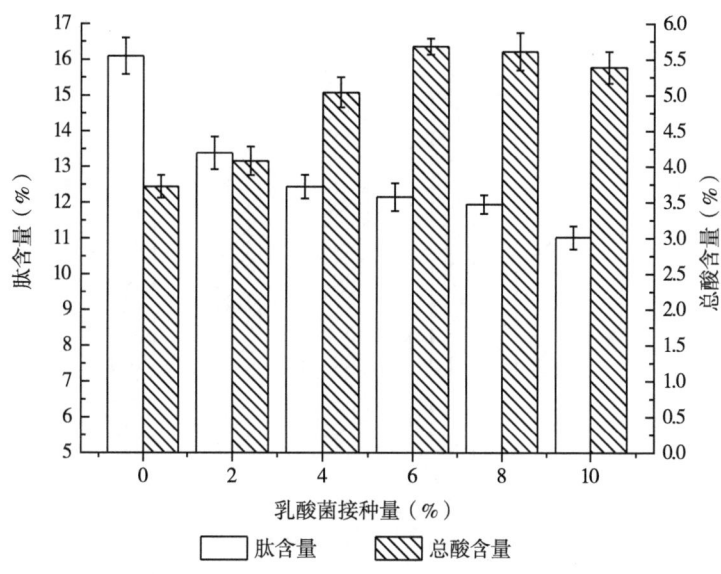

图 2-18 乳酸菌接种量对花生粕中总酸和肽含量的影响

进一步增加，总酸含量略微下降。原因是乳酸菌将花生粕中大分子蛋白作为营养物质利用的能力差，随着花生粕酶解，基质中小分子蛋白肽及氨基酸的含量增加，乳酸菌会将小分子肽作为营养物质消耗利用，其自身生长繁殖快，产代谢产物能力强。当乳酸菌接种量增加到一定量时，基质中肽含量和总酸含量会趋于稳定。综合考虑，可选用6%为乳酸菌的接种量。

(7) 发酵温度对花生粕发酵的影响

微生物有最适的生长温度，蛋白酶有最适的作用温度。微生物的最适生长温度与蛋白酶的最适作用温度可能不同，所以，固态发酵的温度可能不是微生物最适生长繁殖的温度，也不是蛋白酶的最适作用温度。在以上优化实验的基础上，分别考察了30℃、33℃、35℃、37℃、40℃等发酵温度对花生粕发酵的影响，除已确定条件外，其他条件保持不变，结果如图2-19所示。

从图2-19可以看出，随发酵温度的提高，基质中花生粕肽含量不断增加，到35℃时达到13.39%，在40℃达到最高14.58%，因为蛋白酶可以将花生粕中的大分子蛋白降解为花生粕肽、氨基酸等小分子蛋白，而蛋白酶在比较合适的温度下降解花生粕蛋白的效果较好。蛋白酶分子的肽键具有特定的空间结构，当反应温度过低时，会大大降低体系内分子运动的激烈程度，

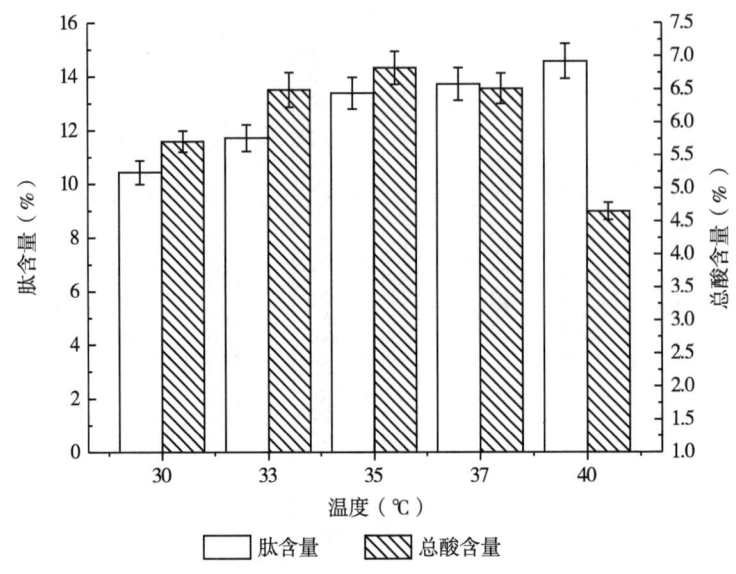

图 2-19 发酵温度对花生粕中总酸和肽含量的影响

从而降低蛋白酶与底物的碰撞几率。当反应温度超过某一限度时，分子会吸收过多的能量，极易引起次级键解离，致使蛋白酶丧失或部分丧失催化活性[161]。随发酵温度的提高，总酸含量先增加后降低，到35℃时达到6.82%，当温度为40℃时，总酸含量下降为4.65%。说明发酵温度较低或较高时，乳酸菌的生长以及其代谢能力都较弱。因此，可以确定发酵温度在35℃时比较合适，此时总酸含量相对较高为6.82%，花生粕肽的含量也比较高，为13.39%。

（8）料液比对花生粕发酵的影响

饲料中的含水量对微生物的生长有着重要的作用，一方面，能提供微生物生长所需的游离水，另一方面，能影响到饲料中的氧气容量。在以上优化实验的基础上，确定酸性蛋白酶添加量100 U/g，原料100℃处理1 min，植酸酶添加量1 U/g，乳酸菌接种量为6%，发酵温度35℃。其他条件为：发酵时间48 h。控制料水比为1∶0.4，1∶0.6，1∶0.8，1∶0.9，1∶1.0，1∶1.2，1∶1.4和1∶1.6进行发酵实验，结果见图2-20。

从图2-20可以看出，随着含水量的增加，肽和总酸含量均呈上升趋势，花生粕肽含量由7.67%提高到15.76%，总酸含量由2.94%提高到7.51%。在料水比从1∶0.4到1∶0.6时，肽和总酸含量上升幅度较大，

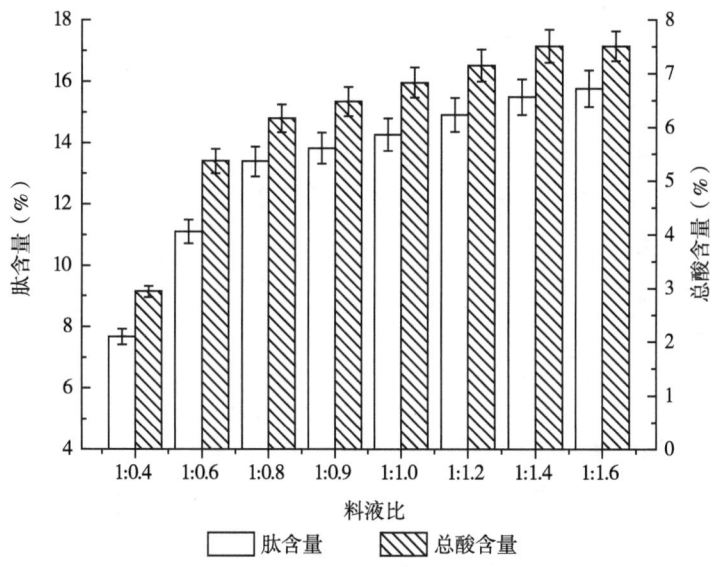

图 2-20　料液比对花生粕中总酸和肽含量的影响

继续增加含水量，肽和总酸含量上升缓慢。可能是由于含水量过低影响了花生粕营养物质的溶解，进而影响乳酸菌的生长和代谢。含水量的增加有助于乳酸菌的生长，但水分过大使发酵饲料内部氧气供应不足，厌氧生长的干酪乳杆菌基本不受影响。而花生粕中大分子蛋白降解为花生粕肽主要是蛋白酶的作用。含水量过低时，降低了花生粕分子和蛋白酶的扩散和运动，抑制了蛋白酶的水解作用。也可能是由于多个花生粕分子分别占据了酶的活性位点，致使蛋白酶无法进行正常的催化水解作用。随着含水量的增加，肽含量呈上升趋势，但当含水量达到一定值时，底物浓度过低，酶分子尚未被底物饱和，抑制了蛋白酶水解花生粕的反应，因此，肽含量会有所下降。

当料水比超过1∶0.9时，含水量开始影响发酵后花生粕的颜色和味道，干燥时易结块，增加了干燥时间，且烘干不均匀，不仅增加能耗，而且样品的色泽由于美拉德反应等变黑，色泽不美观。同时，也增加了粉碎的难度，增加了粉碎时间和粉碎能耗。综合考虑，最适的料液比为1∶0.8。

（9）发酵时间对花生粕发酵的影响

在上述优化实验的基础上，选取 0 h、4 h、8 h、12 h、16 h、20 h、24 h、28 h、32 h、40 h、48 h、60 h、72 h、84 h 和 96 h 等发酵时间点，考

察发酵时间对发酵花生粕品质的影响，结果如图 2-21 所示。

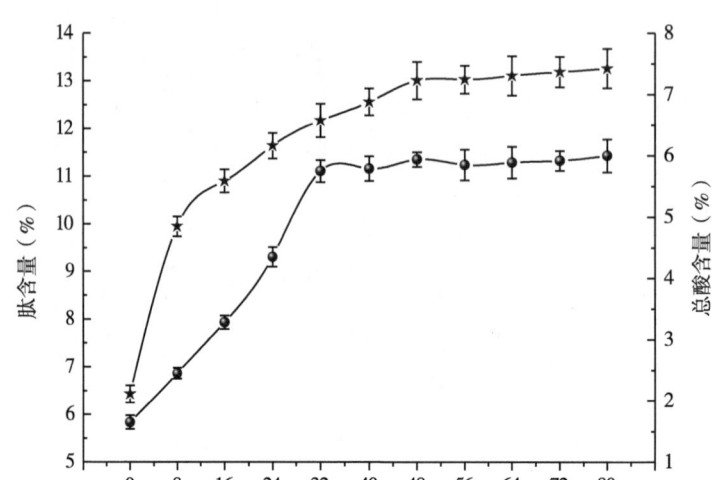

图 2-21　发酵时间对花生粕中总酸和肽含量的影响

从图 2-21 可知，随发酵时间的延长，花生粕中的肽含量逐渐上升，发酵时间达到 32 h 时，肽含量达到 12.17%，发酵时间为 48 h 时，肽含量为 13.01%。48 h 后，随着发酵时间的继续延长，肽含量缓慢增加趋于稳定。在 0 到 80 h 的发酵过程中，花生粕中总酸含量也是逐渐上升，起初上升幅度较大，当发酵时间为 32 h 时达到 5.75%，32 h 后，总酸含量变化不大，趋于稳定。

因为乳酸菌有停滞期、生长期、稳定期和衰亡期。在稳定期，乳酸菌产生大量乳酸最后趋于稳定。可能是由于发酵时间过长，乳酸菌产生大量的乳酸，使花生粕中 pH 值偏低，刚好达到蛋白酶的最适作用 pH 值。在发酵过程中，蛋白酶与花生粕作用，将大分子的花生粕蛋白水解为小分子的肽，当反应到一定的时间后，酶活力下降，底物浓度降低，花生粕肽含量不再上升。再延长酶解时间将增加生产成本，降低经济效益。综上分析，最优的发酵时间为 32 h。

2.4.2.2　均匀实验

根据单因素实验，以肽含量和总酸含量为指标，选定乳酸菌接种量（X_1），发酵温度（X_2），料液比（X_3）和发酵时间（X_4）进行 4 因素 5 水平的均匀设计，各因素确定的 5 个水平见表 2-5。

表 2-5　实验设计因素和水平

水平＼因素	乳酸菌接种量（%）X_1	发酵温度（℃）X_2	料液比 X_3	发酵时间（h）X_4
1	2	30	1:0.4	16
2	4	33	1:0.6	24
3	6	35	1:0.8	32
4	8	37	1:1.0	40
5	10	40	1:1.2	48

根据表 2-5 确定的 4 个因素 5 个水平数据，采用 DPS 实验设计与数据处理软件得出均匀设计实验方案如表 2-6 所示，根据实验方案进行 10 组实验，其实验结果见表 2-6。用 DPS 软件处理数据，得出最佳组合。

表 2-6　实验设计方案及结果

序号	乳酸菌接种量（%）X_1	发酵温度（℃）X_2	料液比 X_3	发酵时间（h）X_4	肽含量（%）Y_1	总酸（%）Y_2
实验1	10	40	1:1.0	24	12.25	5.33
实验2	10	33	1:0.6	48	12.21	5.39
实验3	8	30	1:0.4	24	5.62	2.41
实验4	8	35	1:0.8	32	11.27	4.97
实验5	2	30	1:1.0	40	12.35	5.80
实验6	2	37	1:0.6	16	8.94	3.02
实验7	4	35	1:0.8	32	11.37	4.96
实验8	6	37	1:1.2	48	16.42	7.86
实验9	6	33	1:1.2	16	9.90	4.24
实验10	4	40	1:0.4	40	8.45	3.56

由于均匀设计法只强调均匀分散性而不考虑整齐可比性。因此，表 2-6 的各试验数据必须借助回归分析法拟合试验数据。利用 DPS9.50 软件对数

据进行回归分析,得回归方程如下:

$Y_1 = -74.58 - 0.65X_1 + 4.55X_2 - 0.09X_4 + 0.07X_1X_1 - 0.06X_2X_2 + 0.01X_4X_4 + 0.20X_3X_4$

$Y_2 = -7.37 + 0.24X_2 + 14.69X_3 - 0.06X_4 - 3.64X_3X_3 + 0.28X_1X_3 - 0.33X_2X_3 + 0.01X_2X_4 + 0.14X_3X_4$

由表2-7的方程决定系数 R^2 和 P 值看出,回归方程高度显著,回归模型高度有效。

表2-7 回归方程的显著性检验结果

	方程决定系数 R^2	P 值	Durbin-Watson 统计量 d
肽含量（Y_1）	$R^2 = 0.9998$	0.0008	2.0653
总酸含量（Y_2）	$R^2 = 0.9999$	0.0031	2.5674

由表2-8的通径系数可见,影响肽含量 Y_1 的各因素作用大小顺序为:发酵温度>乳酸菌接种量>发酵时间>料液比;影响总酸含量 Y_2 的各因素作用大小顺序为:料液比>发酵温度>发酵时间>乳酸菌接种量。

表2-8 回归方程的通径系数

因素	Y_1 直接通径系数	Y_2 直接通径系数
X_1	-0.71	0
X_2	5.89	0.59
X_3	0	3.01
X_4	-0.39	-0.45

由均匀设计回归分析可知两个指标各为最高值时的各个因素组合如表2-9所示。

表2-9 肽和总酸含量最高时各个因素组合

项目	乳酸菌接种量（%）X_1	发酵温度（℃）X_2	料液比 X_3	发酵时间（h）X_4
$Y_1 = 20.48\%$	10.00	39.12	1:1.30	48.00
$Y_2 = 10.96\%$	10.00	32.55	1:1.38	48.00

注:Y_1 为小肽含量,Y_2 为总酸含量。

从表 2-9 可以看出，肽含量和总酸含量最高时各个因素的组合。选取乳酸菌接种量为 10%，发酵时间为 48 h。将均匀设计实验中得到的料液比结果权衡后，得最佳料液比为 1:1.34。然而，在单因素中分析出，料液比超过 1:0.9 时，含水量开始影响发酵后花生粕的颜色和味道，干燥时易结块，增加了干燥时间且烘干不均匀，不仅增加能耗，而且样品的色泽由于美拉德反应等变黑，色泽不美观。同时也增加了粉碎的难度，增加了粉碎时间和粉碎能耗。所以，综合考虑，料液比选取 1:0.8。将肽含量和总酸含量为指标时的发酵温度权衡一下，发酵温度应为 35.8℃。

2.4.2.3 验证实验

以酸性蛋白酶添加量为 100 U/g，植酸酶添加量为 1.5 U/g，发酵温度 35.8℃，乳酸菌接种量为 10%，料液比为 1:0.8，发酵时间为 48 h，装样量为 50 g/250 mL，进行花生粕固态发酵实验，发酵 3 批，测定花生粕中肽含量为 15.66±0.43%，总酸含量为 6.73±0.27%，AFB_1 含量为 13.01±0.98 ng/g，符合国家规定的饲料中 AFB_1 含量标准 50 ng/g。

2.4.3 实验室规模放大实验

在优化发酵工艺后进行 20 kg 原料放大实验，发酵 3 批。将干酪乳杆菌二级活化后按 10% 的接种量，与无菌水 1:0.8 的比例，以及酸性蛋白酶 100 U/g、植酸酶 1.5 U/g 混匀后，接种于装有原料的呼吸袋中，混匀后于 35.8℃ 密封发酵 48 h，发酵结束后以对角线及对角线交叉点的取样方式（5 点取样）取样，于 60℃ 烘箱中烘干，粉碎，测定发酵料中 pH 值、总酸、小肽含量。结果见表 2-10。

表 2-10 花生粕发酵结果

样品	pH 值	总酸（%）	肽（%）
原样	6.39±0.03	0.73±0.15	3.34±0.23
50 g 花生粕	4.06±0.02	6.73±0.27	15.66±0.43
20 kg 花生粕	4.03±0.03	6.86±0.18	15.35±0.39

从表 2-10 可以看出，与发酵前相比，发酵后花生粕中 pH 值明显下降，总酸与花生粕肽含量明显增加。在 20 kg 发酵料的放大实验中，发酵后花生粕中 pH 值为 4.03±0.03，总酸和肽含量分别为 6.86%±0.18% 和 15.35%±0.39%。放大实验中，基质的体积加大，氧气容量降低，厌氧环境中乳酸菌

更易生长代谢,其代谢产物乳酸含量相应增加,导致环境中 pH 值下降。而温度稳定为 35.8℃,肽含量无明显变化。同种规模原料发酵 3 批,发酵后花生粕中总酸含量和肽含量基本稳定,说明发酵效果较理想。

2.4.4 花生粕发酵前后品质变化机理研究

2.4.4.1 培养基

(1) NA 培养基

蛋白胨 10.0 g,牛肉膏 3.0 g,NaCl 5.0 g,琼脂条 20.0 g,蒸馏水 1 000 mL,pH 值 7.3,121℃灭菌 20 min。倒平板前加入制霉菌素 50 mg/L。

(2) MRS 培养基

如 MRS 固体培养基,倒平板前加入制霉菌素 50 mg/L。

(3) PDA 培养基

马铃薯 200 g,葡萄糖 20 g,定容至 1 000 mL,pH 值自然,琼脂条 20 g,121℃灭菌 20 min。倒平板前加入 Amp 50 mg/mL。

(4) 花生粕培养基

酸性蛋白酶 400 U/g,花生粕 1%,酵母膏 0.5%,葡萄糖 0.5%,$MgSO_4 \cdot H_2O$ 0.05%,K_2HPO_4 0.2%,121℃灭菌 20 min。

2.4.4.2 发酵前后蛋白质生物利用度的比较

(1) 蛋白质体外消化率的测定

采用 Monjula 的方法测定发酵前后花生粕蛋白质的体外消化率[162]。

(2) 蛋白质含量的测定

粗蛋白质含量按照 GB/T 6432—2018 规定的凯氏定氮法测定。

(3) 氨基酸组成的测定

氨基酸组成按照 GB/T 18246—2019 规定的方法,采用氨基酸自动分析仪测定。

2.4.4.3 发酵前后抗营养因子成分的比较

(1) 花生粕肽含量的测定

按照 GB/T 22492—2008 规定的方法测定。

(2) 花生粕蛋白的 SDS-PAGE 分析

称取发酵前和发酵后的粉碎花生粕各 1 g(精确至 0.0001 g),用 10.00 mL 浓度为 0.1 mol/L Tris-HCl 缓冲液(pH 值 8.0)浸提 1.5 h,然后于 4℃下,3 000 r/min 离心 10 min,取上清液,再于 4℃下,10 000 r/min 离心 10 min,取上清液测定蛋白质质量浓度,调整为 1 mg/mL[163]。

SDS-PAGE 分析按照参考文献进行[164]。

2.4.4.4 发酵前后 AFB_1 的比较

（1）提取

准确称取粉碎过的发酵前后花生粕各 20 g 于三角瓶中，加入 80 mL 乙腈/水（84/16）溶液，20~25℃，150 r/min 摇床振荡 30 min，过滤，4℃保存备用。

（2）测定

发酵前后 AFB_1 含量测定采用高效液相色谱法[165]。

2.4.4.5 花生粕中产黄曲霉毒素菌的验证

（1）霉菌基因组 DNA 的提取

将霉菌接种于 PDA 培养基中过夜培养，取 1 mL 菌液于灭菌的 1.5 mL 离心管中。离心，倒掉上清液。加入 200 μL Buffer Difestion 和 2 μL β-巯基乙醇，再加入 20 μL Proteinase K 溶液，振荡混匀。56℃水浴 1 h 至细胞完全裂解。根据试剂盒的说明书提取霉菌基因组 DNA，-20℃保存。

（2）PCR 验证及基因鉴定

本研究使用 aflR、omt-1、ver-1、ITS*4 对扩增引物在合适的条件下进行 PCR 扩增。将采用霉菌通用引物 ITS 进行 PCR 扩增的 PCR 产物由上海生物工程公司完成测序。将所得的基因序列提交到 GeneBank 数据库，利用 Blast 工具进行序列比对，对其进行分析鉴定。

2.4.4.6 花生粕发酵前后微生物群落结构的比较

取发酵前花生粕和发酵后花生粕各 200 g 于 500 mL 广口瓶中，使含水量均为 13%。室温储藏 3 个月，每隔 1 个月，取发酵花生粕和发酵前花生粕各 5 g，加入到 45 mL 无菌生理盐水中振荡 1 h，然后稀释涂布于 NA 培养基、MRS 培养基和 PDA 培养基平板上，每个梯度选取 2 个平行，NA 培养基于 37℃培养 1 d，MRS 培养基于 37℃厌氧培养 2 d，PDA 培养基于 30℃培养 1~2 d，观察微生物并计数。

2.4.4.7 发酵产物对大肠杆菌的抑制性

（1）发酵液提取

称取发酵前后花生粕各 5.00 g，加入 25 mL 无菌水，于 180 r/min 摇床提取 30 min 后，4℃、10 000×g 离心 10 min，上清液煮沸 10 min。5 000×g 离心 5 min 去除沉淀，上清液过 0.22 μm 的微孔滤膜除菌，收集无菌上清液备用。操作在无菌条件下进行。

（2）菌液制备

大肠杆菌 JM109 在 LB 培养基中 37℃ 培养 14~16 h。

（3）抑菌圈实验

灭菌后的 LB 固体培养基 100 mL 室温冷却至 45℃ 左右时，加入 2 mL 大肠杆菌混匀，倒入 4 个平皿中。在培养基快要凝固时立即垂直放入牛津杯，轻轻挤压，使其与培养基接触无空隙。每个平皿中放 3 个牛津杯，分别往 3 个牛津杯中加入 250 μL 发酵前样品提取液，发酵后样品提取液，0.5% 乳酸作对照，37℃ 培养，观察抑菌圈。

2.4.5 花生粕发酵前后品质改善成因研究结果

2.4.5.1 发酵前后花生粕安全品质变化机理

① 研究比较发酵前后一定储藏时间内花生粕较易感染的黄曲霉、黄曲霉毒素的变化情况，以及发酵前后花生粕中微生物群落的结构和数量，初步探讨发酵前后花生粕安全品质改善的机理。

一定储藏期内，发酵前后花生粕中真菌群落结构和数量的变化情况。为了考察微生物发酵对花生粕安全品质的改善情况，比较了经储存 0 d，30 d，60 d 和 90 d 后的花生粕和发酵花生粕中真菌群落结构及数量的变化情况。结果如表 2-11 所示。

表 2-11 储藏期 0~90 d PDA 平板上发酵前后花生粕中真菌生长情况

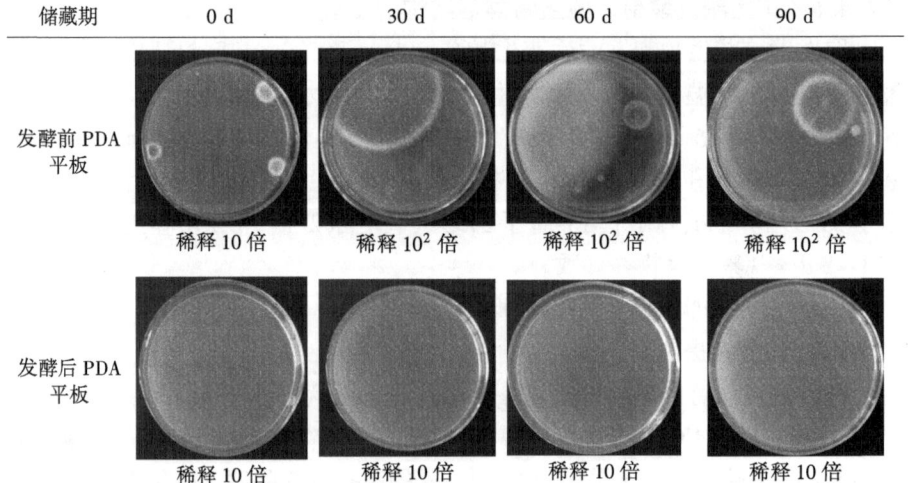

从表 2-11 可以看出，发酵前花生粕中发现了共头霉属，数量为 3×10^2 cfu/g。储藏 30 d 后，发现了黄曲霉菌属 3×10^3 cfu/g。储存 60 d 以后的花生粕中发现了其他类真菌，根霉属 1×10^3 cfu/g，共头霉属 2×10^3 cfu/g，隐球酵母属 2×10^3 cfu/g。储存 90 d 以后的花生粕中发现了黄曲霉属 2×10^3 cfu/g，烟曲霉属 1×10^3 cfu/g。经过对比，很明显地发现，发酵后花生粕在 90 d 的储藏期内没有真菌。花生粕在经发酵过程中，优势菌群乳酸菌会对其他微生物造成抑制，乳酸菌会导致系统 pH 值下降，不利于杂菌的生长。

花生粕中较易感染的产黄曲霉毒素菌的验证。在研究发酵前后花生粕中微生物群落结构和数量的变化情况时，在 PDA 平板上发现了污染性强的霉菌，此菌在 PDA 培养基 30℃下培养，菌落生长较快，初期有丰富的白色丝绒状气生菌丝，带黄色，继而变成黄绿色，老后颜色变暗，平坦，菌落背面略带褐色。在光学显微镜下观察，分生孢子梗大部分无横隔，在顶部膨大成顶囊，顶囊呈烧瓶形或近似球形，分生孢子梗顶端呈放射状。根据菌落特征和菌株分生孢子头的形态特征将该菌株归为曲霉属。

将菌株的 ITS 基因序列在 NCBI 使用 Blast 比对，结果表明，该菌株与黄曲霉菌的同源性最高，达到 100%，命名为 *Aspergillus flavus* X-01。见图 2-22。

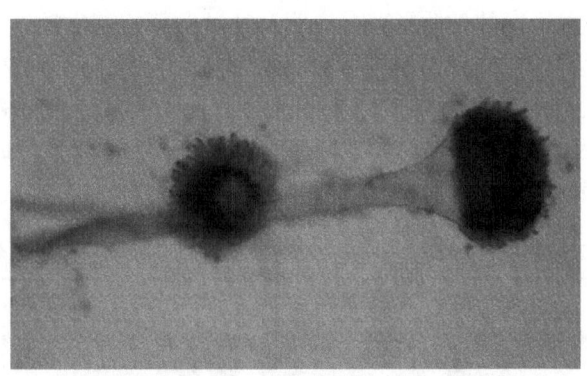

图 2-22 菌株 X-01 的美兰染色照片

根据黄曲霉毒素合成的关键调控基因 aflR、omt-1 和 ver-1 的序列以及真菌共有的 5.8S rDNA 的 ITS 序列分别设计 ApaF/ApaR、OmtF/OmtR、VerF/VerR 及 ITS1/ITS4 四对引物，用 PCR 手段检测花生粕中污染的真菌。结果如图 2-23 所示。

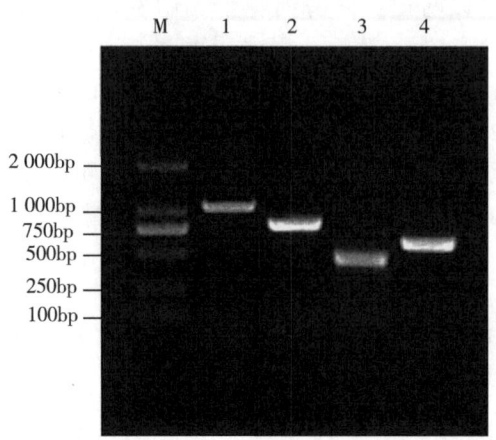

M：DL2000 DNA Marker；1：基因 aflR 的 PCR 扩增产物；2：基因 omt-1 的 PCR 扩增产物；
3：基因 ver-1 的 PCR 扩增产物；4：ITS 片段的 PCR 扩增产物

图 2-23　霉菌菌株的基因 aflR、omt-1 及 ver-1 的 PCR 扩增产物和 ITS 片段

用黄曲霉毒素生化合成途径中的关键调控基因 aflR、omt-1 和 ver-1 作为花生粕中污染的真菌的检测探针。由图 2-23 可以看出，3 种关键调控基因以及 ITS 片段都存在。rDNA 的 ITS 片段存在说明该花生粕已污染真菌，3 个产毒基因的存在说明污染菌为产毒曲霉，加上基因测序结果，说明花生粕中污染产黄曲霉毒素的黄曲霉菌。说明没经过发酵的花生粕具有带毒风险。

一定储藏期内，发酵前后花生粕中细菌群落结构和数量的变化情况。为考察微生物发酵对花生粕安全品质的改善情况，比较了经储存 0 d，30 d，60 d 和 90 d 后的花生粕和发酵花生粕中细菌群落结构及数量的变化。结果见表 2-12 和表 2-13。

表 2-12　储藏期 0~90 d MRS 平板上发酵前后花生粕中细菌生长情况

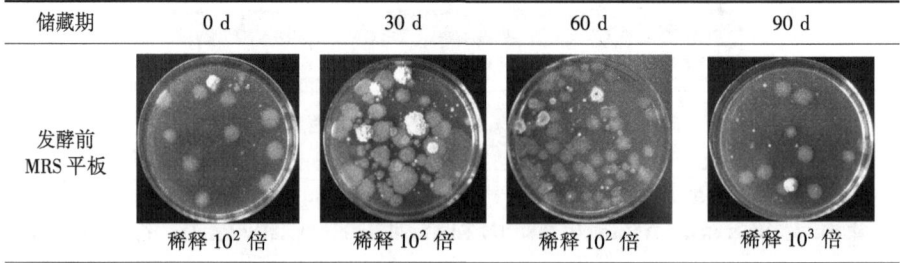

(续表)

储藏期	0 d	30 d	60 d	90 d
发酵后MRS平板	稀释10倍	稀释10倍	稀释10倍	稀释10倍

由表2-12的MRS平板情况看出,发酵前花生粕中含大量杂菌,种类杂,数量多。而发酵后花生粕中微生物结构简单,数量少。由菌落形态可见,发酵前花生粕中共有4类菌,总量为$2×10^4$ cfu/g,其中A类菌为$1×10^4$ cfu/g,B类菌为$2×10^3$ cfu/g,C类菌为$2×10^4$ cfu/g,D类菌为$2×10^4$ cfu/g。而发酵后花生粕中全部为乳酸菌,数量为$1.92×10^5$ cfu/g。花生粕接种乳酸菌发酵,在发酵过程中,优势菌群乳酸菌抑制其他微生物生长,且乳酸菌产生乳酸,低pH值不利于杂菌的生长。

储藏30 d后,发酵前花生粕中发现4类菌,总量为$8.2×10^4$ cfu/g,其中,A类菌为$4.1×10^4$ cfu/g,B类菌为$5×10^3$ cfu/g,D类菌为$3.1×10^4$ cfu/g,H类菌为$5×10^3$ cfu/g。而发酵后花生粕中全部为乳酸菌,只是量有所减少,为$1.9×10^3$ cfu/g。发酵后样品经烘干粉碎处理后,乳酸菌仍残留一部分。动物食用后,能通过黏附素与肠黏膜细胞紧密结合,在肠黏膜表面定植,促进小肠绒毛生长,利于营养物质的吸收。且乳酸菌产生的有益代谢产物过氧化氢、乳酸和抑菌素等,可以抑制有害菌的滋生,提高机体的免疫力,进而达到防治疾病的效果。因此,对于发酵饲料而言,乳酸菌的添加可以部分甚至完全代替抗生素的使用。

储藏60 d后,发酵前花生粕中发现5类菌,总量为$9.55×10^4$ cfu/g,其中,A类菌为$8.1×10^4$ cfu/g,B类菌为$3.1×10^3$ cfu/g,D类菌为$5.1×10^3$ cfu/g,H类菌为$6×10^3$ cfu/g,P类菌为$3×10^2$ cfu/g。发酵后花生粕含两类菌,乳酸菌量减少,为$3×10^2$ cfu/g,另外发现A类菌,数量为$1×10^2$ cfu/g。

储藏90 d后,发酵前花生粕中发现6类菌,总量为$2.9×10^5$ cfu/g,其中,A类菌为$1.3×10^5$ cfu/g,B类菌为$1×10^4$ cfu/g,H类菌为$2×10^4$ cfu/g,K类菌为$8×10^4$ cfu/g,U类菌为$2×10^4$ cfu/g,V类菌为$3×10^4$ cfu/g。而发酵后花生粕中菌的结构变的复杂,数量也有所增加,共有4类菌,总量为$5×$

10^2 cfu/g。其中，B 类菌为 $1×10^2$ cfu/g，D 类菌为 $1×10^2$ cfu/g，H 类菌为 $2×10^2$ cfu/g，W 类菌为 $1×10^2$ cfu/g。

表 2-13 储藏期 0~90 d NA 平板上发酵前后花生粕中细菌生长情况

储藏期	0 d	30 d	60 d	90 d
发酵前 NA 平板	稀释 10^2 倍	稀释 10^2 倍	稀释 10^2 倍	稀释 10^2 倍
发酵后 NA 平板	稀释 10^2 倍	稀释 10 倍	稀释 10^2 倍	稀释 10 倍

由表 2-13 的 NA 平板情况看出，在 90 d 的储藏期内，发酵前花生粕中细菌大量繁殖，种类不断增多，而发酵后花生粕含菌量少且增幅较小。由菌落形态可见，储藏期 0 d 时，发酵前花生粕中共有两类菌，含菌量为 $1.3×10^4$ cfu/g，其中，B 类菌为 $1×10^3$ cfu/g，F 类菌为 $1.2×10^4$ cfu/g。而发酵后花生粕中菌总量为 $1×10^4$ cfu/g，其中，B 类菌为 $4×10^3$ cfu/g，F 类菌为 $6×10^3$ cfu/g。

储藏 30 d 后，发酵前花生粕中发现 5 类菌，总量为 $3.2×10^4$ cfu/g，其中，D 类菌为 $9×10^3$ cfu/g，I 类菌为 $1.1×10^4$ cfu/g，J 类菌为 $2×10^3$ cfu/g，K 类菌为 $7×10^3$ cfu/g，L 类菌为 $3×10^3$ cfu/g。而发酵后花生粕中仅有 M 类菌，数量为 $7×10^2$ cfu/g。

储藏 60 d 后，发酵前花生粕中发现 7 类菌，总量为 $2.18×10^5$ cfu/g，其中，D 类菌为 $2.1×10^4$ cfu/g，I 类菌为 $9.4×10^4$ cfu/g，K 类菌为 $7.9×10^4$ cfu/g，M 类菌为 $2×10^3$ cfu/g，Q 类菌为 $8×10^3$ cfu/g，R 类菌为 $8×10^3$ cfu/g，S 类菌为 $6×10^3$ cfu/g。而发酵后花生粕仅剩 M 类菌，为 $3×10^3$ cfu/g。

储藏 90 d 后，发酵前花生粕中含有 7 类菌，总量为 $6.5×10^5$ cfu/g，其中，B 类菌为 $3×10^4$ cfu/g，D 类菌为 $5×10^4$ cfu/g，I 类菌为 $1.2×10^5$ cfu/g，

K 类菌为 $3.9×10^5$ cfu/g，M 类菌为 $3×10^4$ cfu/g，P 类菌为 $2×10^4$ cfu/g，X 类菌为 $1×10^4$ cfu/g。而发酵后花生粕菌的种类和数量都有增加，总量为 $9×10^2$ cfu/g。其中，B 类菌为 $1×10^2$ cfu/g，M 类菌为 $1×10^2$ cfu/g，R 类菌为 $2×10^2$ cfu/g，V 类菌为 $1×10^2$ cfu/g，Y 类菌为 $4×10^2$ cfu/g。

发酵样品中含有微生物的代谢产物乳酸及小分子肽等，都具有抗菌作用。发酵前样品中应该还存在其他有害真菌，只是用平板计数法技术有限，可以进一步考虑用 DGGE 分析发酵前后花生粕在一定储藏期内微生物的变化情况。

一定储藏期内，发酵前后花生粕中 AFB_1 的变化情况。AFB_1 严重危害动物健康，引起动物生产性能下降，肝脏功能紊乱，胚胎畸形或死亡，免疫系统功能抑制等[167]。微生物发酵前后，花生粕中 AFB_1 的含量变化见图 2-24。

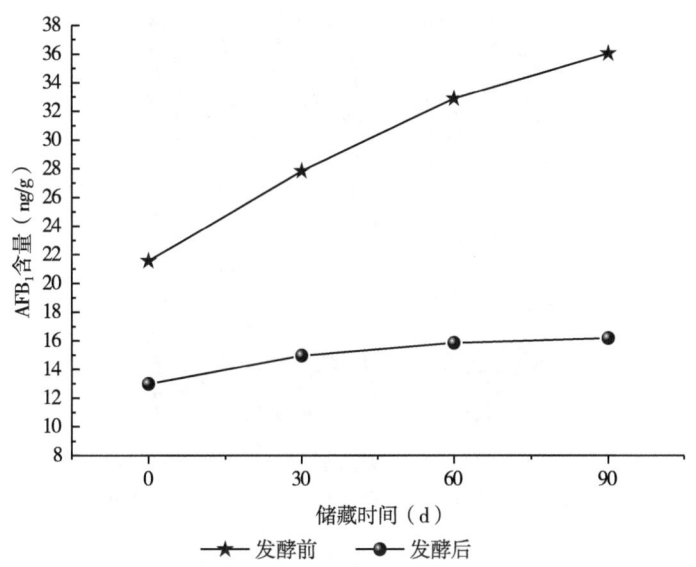

图 2-24 发酵前后花生粕中 AFB_1 的变化情况

由图 2-24 可以看出，发酵前花生粕的 AFB_1 含量为 21.57 ng/g，发酵后花生粕中的 AFB_1 含量为 12.98 ng/g，符合国家规定的饲料中 AFB_1 含量标准 50 ng/g。经过微生物发酵，AFB_1 的去除率为 39.80%。发酵前花生粕在储藏 90 d 的时间里，AFB_1 含量从开始的 21.57 ng/g 增长到 36.05 ng/g，增长幅度较大，为 67.13%。发酵后花生粕中 AFB_1 含量从 12.98 ng/g 增加到 16.19 ng/g，有增长趋势，但增长不明显，增长幅度为 24.73%。因为发酵前花生粕中含有产黄曲霉毒素的黄曲霉菌，在一定的储藏条件下，黄曲霉生长产生黄曲霉毒素，并且随着时间的增加，黄曲霉毒素的含量不断增加。因此，不经发酵处理的花生粕存在一定的带毒风险。发酵后花生粕的 AFB_1 含量也有一定程度的增加，可能是因为黄曲霉毒素被乳酸菌吸附，但是经过一定储藏时间，发生了一定程度的解吸附，所以，AFB_1 含量有所增加。由此可见，花生粕经微生物发酵后，其黄曲霉毒素含量明显降低，提高了其安全性及饲用价值。

② 研究发酵前后花生粕对常见饲料污染微生物的抑制作用，通过抑菌能力的比较，初步探讨发酵前后花生粕安全品质改善的机理。

为了考察发酵后花生粕的抑菌能力，将发酵前后花生粕提取液以及乳酸加入到放置于培养基表面的牛津杯中，30℃下培养一段时间后观察抑菌圈大小，实验结果见图 2-25。

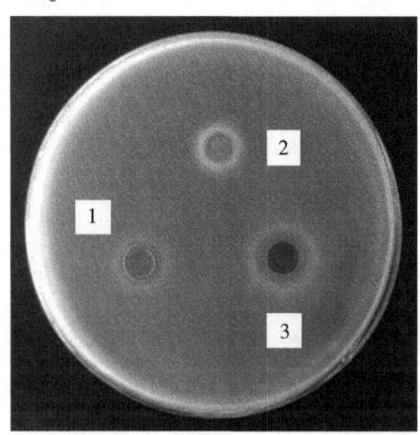

1：0.5%的乳酸；2：发酵前花生粕；3：发酵后花生粕

图 2-25　发酵产物抑制大肠杆菌的效果检测结果

从图 2-25 可以看出，发酵后花生粕的抑菌圈较发酵前大，说明发酵后花生粕对大肠杆菌有一定的抑制作用。而发酵前花生粕提取液由于含有丰富的营养物质，大肠杆菌的生长繁殖更加旺盛。发酵后花生粕抑菌可能是由于发酵过程中乳酸菌产生乳酸等代谢产物所致。

乳酸菌在动物肠道内可以产生细菌素、类细菌素等多种抑制性化合物以及过氧化氢、有机酸等多种对抗性物质，达到抑制病原菌的滋生，防治疾病的功效。乳酸菌还可以粘附于肠道上，在肠道内壁定植，有占位性竞争和营养性竞争作用，利于营养物质的吸收。它产生的有机酸可以降低肠道中 pH

值,抑制肠道内病原菌如大肠杆菌、沙门氏杆菌、梭菌的生长增殖,减少肠道疾病的发病率[168]。

在动物养殖领域,鉴于抗生素类饲料添加剂的弊端日益显现,世界各国已陆续制订出法律条例限制药物的滥用和使用,抗生素的使用是亟待解决的问题,因此,对于发酵饲料而言,乳酸菌的添加可以部分甚至完全代替抗生素的使用。实验发现发酵产物对大肠杆菌具有抑制效果,为饲料行业减少抗生素添加剂的使用量提供参考。

2.4.5.2 发酵前后花生粕营养品质改善成因

(1) 粗蛋白质含量与氨基酸组成变化情况

经过微生物发酵,花生粕中粗蛋白质含量由原来的48.31%提高到50.58%,主要是因为微生物在代谢过程中产生挥发性酸及其他挥发性物质,在干燥过程中挥发,使花生粕物料有所损失,相应地使蛋白质得到一定程度的浓缩。

利用氨基酸仪测定发酵前后花生粕中水解氨基酸组成的变化,结果如表2-14所示,发酵后花生粕中缺乏的如苏氨酸、蛋氨酸、赖氨酸等必需氨基酸含量分别提高了16.43%、10.17%和16.56%。其中赖氨酸提高了16.56%,蛋氨酸提高了10.17%,苏氨酸提高了16.42%。

表2-14 发酵前后花生粕中必需氨基酸组成的变化

氨基酸	发酵前(%)	发酵后(%)	提高(%)
苏氨酸	1.34	1.56	16.42
蛋氨酸	0.59	0.65	10.17
赖氨酸	1.51	1.76	16.56
亮氨酸	3.24	3.77	16.36
缬氨酸	2.19	2.71	23.74
组氨酸	1.19	1.41	18.49
苯丙氨酸	2.77	2.99	7.94
异亮氨酸	1.78	2.16	21.35
色氨酸	—	—	—
总量	14.61	17.01	16.43

(2) 高分子蛋白及多肽含量的变化情况

采用SDS-PAGE电泳法考察发酵前后花生粕蛋白的组成结构,考察发酵后花生粕蛋白的降解情况，结果如图2-26所示。

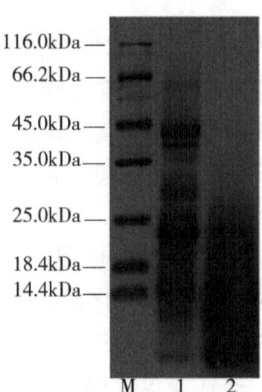

M：蛋白质标准；1：发酵前花生粕；2：发酵后花生粕
图2-26 发酵前后花生粕中抗原蛋白的变化情况

从图2-26可以看出，经过微生物发酵后，花生粕粗蛋白质中的大分子蛋白质明显降解为小分子蛋白质、多肽及氨基酸。

在SDS-PAGE电泳图的基础上考查了发酵前后花生粕中分子量在5 kDa以内的肽含量的变化情况，结果发现发酵后肽含量从3.34%提高到16.36%。

花生粕常被用作水产饲料，而水生动物的小肠绒毛短，不容易吸收大分子蛋白质。经微生物发酵后，花生粕大分子蛋白质降解为多肽，多肽可以对消化道产生保护作用，使得幼龄动物的小肠提早成熟，刺激消化酶的分泌，提高机体的免疫能力[23]。除此以外，多肽具有很好的溶解性、抗凝胶形成性、低黏度等特性，还具有吸收速度快、耗能低、不易饱和、各种肽之间运转无竞争性与抑制性等特点[24]。

（3）蛋白质体外消化率的变化情况

微生物发酵后，大分子蛋白质结构的变化以及小分子蛋白质含量的提高都会影响动物的消化率。采用Monjula的方法测定发酵前后饲料蛋白质的体外消化率。发酵前蛋白质的体外消化率为57.45%，发酵后蛋白质的体外消化率为68.36%，发酵后蛋白质的体外消化率比发酵前提高了10.91个百分点。也就是说，微生物发酵明显提高了动物对蛋白质饲料原料的消化吸收利用。

（4）植酸和无机磷的变化情况

花生粕中的抗营养因子主要是植酸。测定发酵前后花生粕中植酸和无机磷含量的变化，结果如图2-27所示。

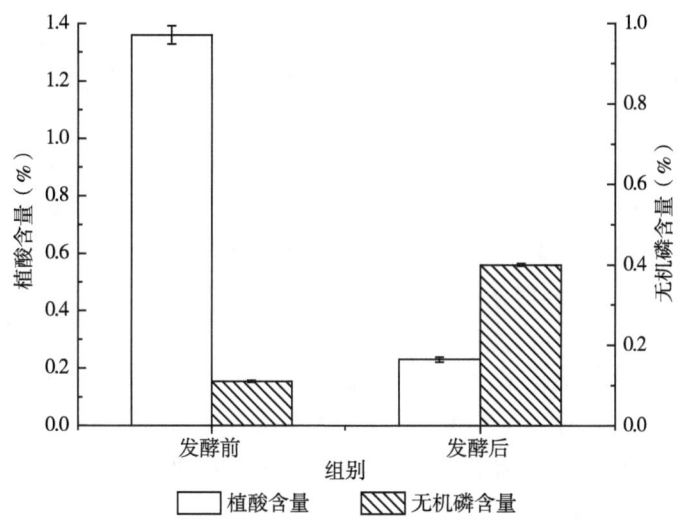

图 2-27 发酵前后花生粕中植酸和无机磷含量变化情况

由图 2-27 可见，经微生物发酵后，花生粕中的植酸由发酵前的 1.36% 降低到发酵后的 0.23%，相应的无机磷含量由发酵前的 0.11% 提高到发酵后的 0.40%。换算成摩尔比，植酸降解 0.0171 mol/kg 花生粕，植酸分子式为 $C_6H_{18}O_{24}P_6$，分子量为 660.04，所以花生粕经发酵后，植酸降解释放磷 0.1026 mol/kg 花生粕。而发酵后无机磷增加 0.0906 mol/kg 花生粕。花生粕经过发酵后，添加的植酸酶降解植酸的同时，释放出与之络合的蛋白质，便于消化道分泌的蛋白酶作用，苏氨酸、赖氨酸等显著提高[169]。在发酵过程中降解植酸的同时，释放了以植酸磷形式存在的磷，提高动物对植物磷的利用率，减少动物排泄物中有机磷的含量和动物饲料中无机磷的添加量。有助于降低畜牧业对环境所造成的污染并减少添加无机磷的成本。Young 等[170] 的研究表明，在生长猪日粮中添加植酸酶提高了生长速度和增重效率，提高了磷的消化率，降低了料肉比。

2.4.5.3 花生粕发酵前后品质改善成因小结

对花生粕安全品质改善成因初步研究结果表明，发酵前花生粕中存在产黄曲霉毒素的黄曲霉菌，存在带毒风险；经微生物发酵，花生粕中 AFB_1 含量从 21.57 ng/g 降为 12.98 ng/g，脱除率达 39.8%。随着储藏期的增加，发酵前花生粕中的 AFB_1 含量从 21.57 ng/g 增加到 36.05 ng/g，增长幅度较大，为 67.13%。发酵后花生粕中 AFB_1 含量从 12.98 ng/g 增加到 16.19 ng/

g，增长幅度为24.73%；并且，发酵后花生粕中的微生物结构单一，数量少，随着储藏时间的增加，发酵前花生粕中的微生物数不断增加；发酵产物对大肠杆菌具有明显的抑制性。表明微生物发酵提高了花生粕的安全品质。

对花生粕营养品质改善成因初步研究结果表明，经过微生物发酵，花生粕中粗蛋白质含量由原来的48.31%提高到50.58%；花生粕中缺乏的如苏氨酸、蛋氨酸、赖氨酸等必需氨基酸含量提高了16.43%，其中赖氨酸提高了16.56%，蛋氨酸提高了10.17%，苏氨酸提高了16.42%；花生粕蛋白中的大分子蛋白质明显降解为小分子蛋白质、多肽及氨基酸；多肽含量从3.34%提高到16.36%；蛋白质的体外消化率由57.45%提高到68.36%，发酵后蛋白质的体外消化率比发酵前提高了10.91个百分点；植酸由发酵前的1.36%降低到发酵后的0.23%，相应的无机磷含量由发酵前的0.11%提高到发酵后的0.40%。表明微生物发酵提高了花生粕的营养品质。

2.4.6 生产工艺

2.4.6.1 工艺流程

工艺流程详见图2-28。

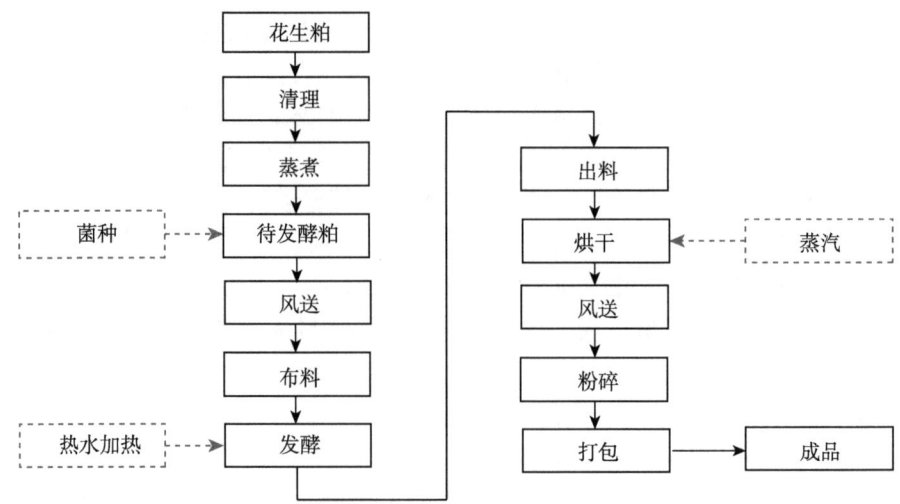

图2-28 发酵花生蛋白肽功能饲料工艺流程图

2.4.6.2 工艺说明

原料为含水10%~12%的花生粕，经添加菌种，调节水份至45%左右，送进发酵床，每个发酵床每批次容量为30 t商品花生粕，布料产量5 t/h，每床批次布料时间约 6 h。发酵料层高度约为 700 mm，培养周期 48 h，每批次出料及烘干时间约 15 h。产品为干燥后含水≤12%的商品发酵花生粕。产量为每个发酵床每批 30 吨发酵花生粕，共设计 4 套发酵床，料层高度按 600 mm 计算，每个发酵床有效面积约为 140 m^2。

本设计发酵方案采用先进的自动化控制，具有连续自动进出料系统，布料均匀，料层高度可以在一定范围内根据需要通过 PLC 控制调整，生产操作灵活。烘干方案采用活态烘干塔连续烘干。

（1）清理

清理的目的是除去花生粕中的铁、石等杂质，保证设备的运行，提高成品质量。原料花生粕经卸粮提升机输送依次进入初清筛、去石机、永磁筒的净化工序，清理后的花生粕提升至花生粕计量仓。自动计量来料的多少，有利于成本核算。整个系统带有除尘装置，保护工作环境的洁净。

（2）蒸煮

进入计量仓的花生粕通过变频螺旋输送机计量送至蒸煮锅内，加入水和蒸汽蒸煮。目的是对原料进行灭菌，使花生粕生理有害物质在高温条件下失去活性，提高全氮利用率。蒸煮锅采用高压、短时间蒸料，按一定比例加水、加蒸汽。达到精确控温、控湿。

（3）冷却

蒸煮后的物料在卸料前先通过水力喷射器及多级泵抽真空降低温度，使罐内温度从 120℃降至 80℃左右。降温后打开门盖出料，物料通过在带有筛网的冷风机上行走，冷风机透过筛网进入物料进行冷却，使之达到 40℃左右。

（4）混合接种

冷却后的物料通过定量螺旋输送机送至混合机，微生物培养液为枯草芽孢杆菌 JN1101，酵母菌 JN1102 和乳酸菌 JN1103 单菌种或多菌种混合液，人工加料进入计量仓通过定量螺旋输送机送至混合机，计量仓秤重传感器与花生粕定量螺旋输送机连锁，使微生物培养液和花生粕按一定比例进入混合机混合。混合机采用高效连续混合机，混合效率高，无死角，操作维修方便。

（5）发酵

接种混合后的待发酵物料通过罗茨风机及配套的正压关风器正压输送至发酵床上的布料机内，通过布料机的旋风分离器进行卸料，布料机带有行走装置，旋风分离器边卸料边行走，达到布料的目的。使物料均匀地分散在发酵床内，其布料机的行走装置电机是变频调速的，可以通过调整电机的频率达到要求的料层厚度。设计料层厚度控制在大约 700 mm，根据实际生产情况，料层厚度可适当调节。发酵温度37℃，根据发酵工艺要求，可开启循环水泵进行热水加温，辅助提高起始发酵温度，发酵时间48 h，发酵的目的是消除抗营养因子，提高动物对蛋白质和有机磷的消化吸收率，并积累有益的代谢产物（花生肽、乳酸和维生素等等生长因子）和有益微生物，提高花生粕的利用率及营养功能价值。

（6）烘干

发酵好的花生粕通过输送系统，进入活态烘干塔进行烘干，开启风机及蒸汽预热，预热好的烘干塔开始进料，热风和物料逆向形成对流，物料和热风充分接触带走水分，热效率高。物料在烘干塔内的停留时间可以调节，通过调整物料在每层烘干塔的料层高度控制物料停留时间，达到出料的烘干水分。

（7）粉碎

干燥好的物料通过螺旋输送机送向吸料嘴，通过风送系统风送至待粉碎仓，粉碎好的花生粕再次输送至成品打包区进行打包。

2.4.6.3 AFB_1降解菌株在花生粕发酵酶解偶联工艺中的应用[62]

（1）花生粕发酵酶解偶联工艺

花生粕经粉碎、灭菌（100 ℃、1 min）后，分别添加0.1%的纤维素酶和木聚糖酶，按5%接种量接种AFB_1降解菌和乳酸片球菌，同时调节水分至45%±1%，输送至发酵床，发酵料层高50 cm，配备通气和加热装置，37 ℃好氧发酵60 h，发酵完成后输送至低温沸腾烘干机，经烘干、粉碎后，打包为成品。发酵酶解偶联工艺具体流程如图2-29所示。

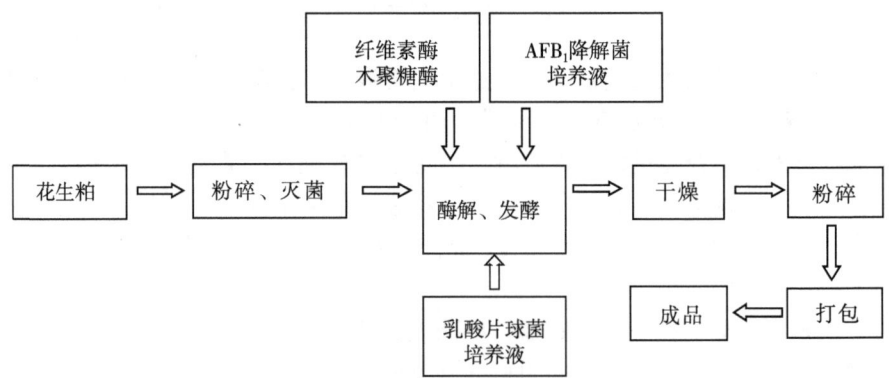

图2-29 花生粕发酵酶解偶联工艺流程

（2）发酵酶解偶联工艺对 AFB_1 含量的影响

通过添加枯草芽孢杆菌 Bacillus subtilis Y-6，利用微生物发酵结合复合酶制剂的生物偶联工艺处理花生粕，处理前后花生粕中 AFB_1 含量变化明显。处理前其含量为 142.6 μg/kg，处理后仅为 8.1 μg/kg，AFB_1 的去除率达到 94.3%。直接经过固态发酵后花生粕中 AFB_1 的降解率为 78.6%，而经过偶联工艺后，花生粕中 AFB_1 的降解率达到了 94.3%，这是因为乳酸片球菌对 AFB_1 有一定的吸附能力，进一步降低了 AFB_1 的含量。国家饲料卫生标准（GB 13078—2017）规定花生粕中 AFB_1 最高限量 50 μg/kg，经过本方法处理后的花生粕 AFB_1 含量仅为 8.1 μg/kg，远低于国家饲料卫生标准的限量要求，大大提高了花生粕在畜牧业的应用范围。

2.5 烘干工艺

针对发酵花生粕由于小肽含量高、粘度大，采用传统的气流干燥时容易结团，物料输送和干燥都很困难。另外，传统干燥工艺容易出现物料温度过高，导致发酵花生粕成品中的益生菌和酶等活性成分损失。本设计采用部分物料二次回流、热风循环利用的设计，成功解决了这些问题。基于此工艺要求，发明了一种发酵花生粕专用烘干机（如图 2-30 所示），具有降低物料黏度、容易打散烘干的特点，用于发酵花生粕干燥，可有效降低干燥能耗。应用该工艺和设备后，关键活性物质保存率达到 90%，而常规干燥技术保存率仅为 70%，烘干每吨水的蒸汽消耗量降低 25%。通过

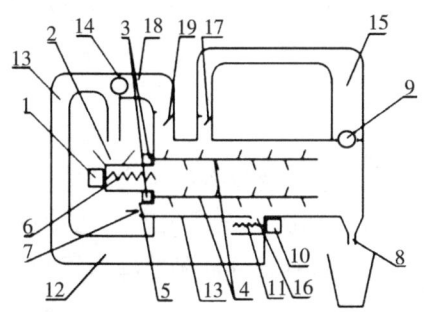 

1 绞龙电机；2 进料口；3 打散电机；4 打散叶片；5 第一关风机；6 绞龙螺杆；7 热风进口；8 干料出口；9 第一沙克龙；10 分料绞龙电机；11 分料绞龙螺杆；12 干料输送管；13 烘干室；14 第二沙克龙；15 第一热风返回管；16 分料口；17 第二关风机；18 第二热风返回管；19 第三关风机

图 2-30 发酵花生粕专用烘干机示意和发酵花生粕烘干机

部分物料回流，将加工到半干的物料经过回流风力疏散和二次绞龙打散，再进入干燥室，流动性提高，快速被烘干，避免了高黏性物料在干燥室内停留时间长，过度粘连结块粘壁、生物活性成份失活的现象。通过热风的循环利用，进料口的热风温度为120℃，物料温度保持为50~60℃，该温度可以有效减少活性成分损失；而传统干燥机进料口的热风温度为180℃，物料温度保持在90℃左右，同时该工艺采用热风循环利用，设备能耗降低25%左右。

2.6 专用装备

2.6.1 生产设备选型原则

第一，主要设备方案应与拟选的建设规模和生产工艺相适应，以满足投产后的生产要求。

第二，主要设备之间、主要设备与辅助设备之间的能力相互配套。

第三，设备质量、性能成熟，以保证生产的稳定和产品质量。

第四，设备选择应在保证性能质量的前提下，力求经济合理。

第五，选择设备时，应符合国家和有关部门颁布的相关技术标准要求。

第六，关键设备采用具有世界先进水平，选用设备经过生产验证，全部设备符合根据生产规划制定的《设备规格》。

第七，选择设备时，除考虑技术先进、经济合理外，还应注重设备的生产效率、工艺性、可靠性、维修性、经济性、安全性、节能性、环境保护性、成套性、适应性、灵活性和使用寿命。

2.6.2 设备配置原则

首先，根据年生产大纲所确定的产品、产量以及设备的年生产能力和设备工作时数，计算出每种设备的配置数量；其次，根据生产工艺特点，调查分析工艺过程的瓶颈工序及易出现故障的设备，有针对性地配置备用设备。

2.6.3 主要设备配置

主要设备清单如表2-15所示。

表 2-15 主要设备清单表

序号	设备名称	主要材质（规格型号）	单位	数量	动力（kW）	
					单机	合计
一	花生粕接种混合					
101	卸料栅格及锥斗	CS	套	1		
102	斗式提升机	CS	台	1	2.2	2.2
103	永磁筒	304	台	1		
104	缓冲仓	CS	台	1		
105	料位传感器		个	2		
106	气动闸门		个	1		
107	动态计量仓	CS	台	1		
108	插板	CS	个	1		
109	螺旋输送机	CS	台	1	2.2	2.2
110	混合机	304	台	1	22	22
111	缓冲斗	304	台	1		
112	关风器	304	台	1	2.2	2.2
113	萝茨鼓风机	CS	台	1	30	30
114	脉冲除尘器	CS	台	1		
115	离心通风机	CS	台	1	2.2	2.2
116	菌种缓冲罐	304	台	1		
117	菌种泵、流量计	304	台	1		
118	正压管道	CS	套	1		
119	菌种输送管道及管件	304	台	1		
二	花生粕发酵床					
201	板式发酵装置		套	4		
201.1	卸料分离器	304	台	4		
201.2	布料机	CS	台	4	2.2	8.8
201.3	发酵床床体		台	4		
201.4	发酵床出料门、立柱		台	4		
201.5	发酵床出料门上横梁及布料机支撑导轨		台	4		
201.6	发酵床循环水升温系统			4		

（续表）

序号	设备名称	主要材质（规格型号）	单位	数量	动力（kW） 单机	动力（kW） 合计
201.7	出料输送机	304	台	4	3	12
201.8	输送机	304	台	8	4	32
201.9	盖料装置		套	4		
201.10	进料软管	钢丝软管	套	4		
201.11	进料软管拖链及拖链架		套	4		
202	输送机	304	台	2	3	6
203	打碎机	304	台	1	2.2	2.2
204	输送机	304	台	1	2.2	2.2
205	缓冲斗	304	台	1		
206	正压关风器	304	台	1	2.2	2.2
207	罗茨鼓风机	CS	台	1	22	22
208	正压管道	CS	套	1		
三	发酵花生粕干燥					
301	活态烘干塔	CS	套	1	22	22
301.1	风管1	CS	只	1		
301.2	鼓风机	CS	台	1	45	45
301.3	热交换器	CS		1		
301.4	消音器	CS	只	1		
301.5	风管2	CS	只	1		
301.6	引风机	CS	台	1	22	22
301.7	旋风分离器	CS	只	1	1.1	1.1
301.8	关风器	CS	只	1	2.2	2.2
301.9	螺旋输送机	CS	台	1	1.1	1.1
302	关风器	CS	只	1	1.5	1.5
303	螺旋输送机	CS	台	1	2.2	2.2
304	螺旋输送机	CS	台	1	2.2	2.2
305	冷凝水储罐	CS	台	1		
306	冷凝水输送泵	CS	台	1	4	4
307	冷凝水输送管路、阀体	CS	套	1		
四	发酵花生粕输送粉碎包装					
401	输送管道	CS	套	1		
402	旋风分离器	CS	台	1		
403	关风器	CS	台	1	1.1	1.1

（续表）

序号	设备名称	主要材质（规格型号）	单位	数量	动力（kW）	
					单机	合计
404	脉冲除尘器	CS	台	1	1.9	1.9
405	离心通风机	CS	台	1	15	15
406	待粉碎仓	CS	台	1		
407	料位传感器		个	2		
408	喂料器	CS	台	1	0.8	0.8
409	粉碎机	CS	台	1	45	45
410	脉冲除尘器	CS	台	1		
411	离心通风机	CS	台	1	5.5	5.5
412	出料绞龙	CS	台	1	2.2	2.2
413	斗式提升机	CS	台	1	2.2	2.2
414	成品仓	CS	台	1		
415	料位器		个	2		
416	包装秤	CS	台	1		
五	菌种培养工段					
501	1#种子罐	100L	个	1	1.5	1.5
502	1#发酵罐	1 000 L	个	1	3.0	3.0
503	1#缓冲罐	1 000 L	个	1		
504	1#计量罐		个	1		
505	2#种子罐	100L	个	1	1.5	1.5
506	2#发酵罐	1 000 L	个	1	3.0	3.0
507	2#缓冲罐	1 000 L	个	1		
508	2#计量罐		个	1		
509	3#种子罐	200L	个	1	1.5	1.5
510	3#发酵罐	2 000 L	个	1	5.5	5.5
511	3#缓冲罐	2 000 L	个	1		
512	3#计量罐		个	1		
六	菌种混合工段					
601	搅拌罐	2 000 L	个	1	5.5	5.5
602	出料罐	2 000 L	个	1		
	合计					346.7
七	公用工程设备名称					
701	螺杆空压机	SA-37A/0.85	台	2		
702	冷冻式干燥机	ADH-60F	台	2		

（续表）

序号	设备名称	主要材质（规格型号）	单位	数量	动力（kW）	
					单机	合计
703	变压器	400 kVA	台	1		
704	储气罐	C-1.5/1.0	1.5 m³	只	1	含附件
705	精密过滤器		7 m³/min	只	3	
八	质检仪器名称					
801	生物显微镜	莱卡	台	1		
802	高压灭菌锅	YXQ-LS-50SLL	台	1		
803	超净工作台	SW-CJ-1FD	台	1		
804	隔水式培养箱	GHP-9050	台	3		
805	摇床	DHZ-DA	台	1		
806	电子天平（1/100）	PL2002	台	1		
807	电子天平（1/10 000）	A1204	台	1		
808	实验室冰箱	海尔	台	1		
809	干燥箱	GZX-9076MBE	台	1		
810	水浴锅	DK-8D	台	1		
811	pH值计	EL20	台	1		
812	分光光度计	—	台	1		
813	电泳仪	164-5050	台	1		
814	电泳槽	Mini-PROTEAN3	台	1		
815	振荡器	VORTEX GENIUS3	台	1		
816	粉碎机	JFSD-100	台	1		
817	凯氏定氮仪	Kjeltec 2200	台	1		

2.6.4 主要研发设备

2.6.4.1 超净工作台

（1）参考品牌型号

SW-CJ-2F（图2-31）。

（2）主要参数

① 洁净度：100级@ ≥0.5 um（美联邦209E）。

② 菌落数：≤0.5个/皿·时（Φ90 mm培养平皿）。

③ 平均风速：0.25~0.45 m/s（快、慢双速）。

④ 振动/半峰值：≤5 μm（X.Y.Z方向）。

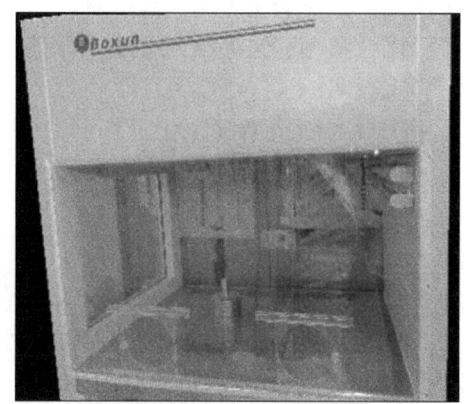

图 2-31 超净工作台（型号：SW-CJ-2F）

⑤ 噪声：62 dB（A）。
⑥ 照度：≥300 Lx。
⑦ 电源：AC/50Hz/220V。
⑧ 功耗：0.8 kW。
⑨ 重量：<250 kg。
⑩ 高效过滤器规格及数量：1 355×558×50×①。
⑪ 荧光灯/紫外灯规格及数量：30 W×①/30 W×①。
⑫ 适用人数：双人双面。
⑬ 外形尺寸（mm）：≥1 540×680×1 600。
⑭ 工作区尺寸（mm）：≥1 360×650×520。

（3）用途

提供无菌无尘洁净环境。

（4）使用方法

① 把需要用到的仪器、用具以及菌包、试管等灭菌后放入超净工作台内。

② 使用工作台时，应提前 30 min 开机（按电源键），按设定键检查相关参数的设置和设备的工作状态，按紫外灯键开启紫外杀菌灯，处理操作区内表面积累的微生物。离开超净工作台所在的屋子时依次打开缓冲间的紫外灯进行灭菌。灭菌完成后应关闭仪器 30 min，让臭氧转化为氧气，避免对操作人员身体的刺激。然后按日光灯键开启日光灯，启动风机。即可进行操作。

③ 人员戴好一次性口罩、帽子及医用乳胶手套。

④ 适当打开超净工作台移门，进行需要的操作，整个试验过程中，实验人员应按照无菌操作规程操作。

⑤ 工作完毕后，用75%的酒精擦拭净化工作台面，关闭送风机，打开紫外线灯灭菌15 min，后关闭电源。

⑥ 使用完毕，填写使用记录。

（5）注意事项

① 整个实验过程中，实验人员应按照无菌操作规程操作。

② 紫外线对人体的皮肤及视网膜有很强的刺激性，注意人进入缓冲间一级操作时一定要关闭紫外线灯；紫外线的穿透力很弱，普通玻璃就能完全阻截，因此不能在紫外灯外加灯罩。开启中的氧气在紫外线的照射下会生成臭氧，臭氧对呼吸黏膜有刺激，应等待一段时间后再进行试验操作。

③ 如果设备HEPA出现报警的话，说明设备的空气的过滤性能出现问题，应及时停止操作，上报设备状态进行滤材的更换或维修。

2.6.4.2 高压灭菌锅

（1）参考品牌型号

HV-110（图2-32）。

图2-32 高压灭菌锅（型号：HV-110）

（2）主要参数

① 外部尺寸：660W×1 180H×650D。

② 内部尺寸：420Ø×795H。

③ mm：110 L。

④ 杀菌温度：105~135℃。

⑤ 灭菌定时：1~250 min。

⑥ 自动启动定时：1 min~7 d。

⑦ 压力计量程：0~4 kg/cm² （0~0.4 MPa）。

⑧ 选择模式：琼脂培养基灭菌；液体培养基灭菌；固体/医疗器皿灭菌；琼脂溶解或预热。

⑨ 双向（检测）内联锁装置，继电断路器和过载电流检测，排气检查系统。

⑩ 超压电断开，温敏导线或断路检测器，（压力）安全功能设置及示警阀系统。

⑪ 超温电断开，密封保险盖（具有检查功能），加热故障检测器。

⑫ 灭菌时间读数定时器。

⑬ 标准配件：不锈钢网眼吊篮，底板，排水软管，排气瓶，滑轮制动器。

⑭ 功能选配件：浮标感应器，数字打印机，自动供水单元和冷却单元。

（3）用途

用于医疗卫生事业，科研，农业等单位，对医疗器械，敷料，玻璃器皿，溶液培养基等进行消毒、灭菌。

（4）使用方法

① 高压灭菌锅使用前要水加到水位线。

② 将需灭菌的培养基、蒸馏水或其他器皿放入灭菌锅内，关闭锅盖，检查排气阀、安全阀状态。

③ 打开电源，检查参数设置是否正确，然后按下"work"键，灭菌锅开始工作；自动派冷气，到105℃时，底部排气阀门自动关闭，然后压力开始上升。

④ 压力升至 0.15 MPa（121℃）时，灭菌锅再次自动放气，然后开始记时，一般培养基灭菌 20 min，蒸馏水灭菌 30 min。

⑤ 达到规定的灭菌时间后，关闭电源，打开放气阀缓慢放气；当压力指针降至 0.00 MPa 时，放气阀无蒸汽排除时，方可开启锅盖。

（5）注意事项

① 气未放尽前，不得开启高压锅。

② 如果灭菌后的培养基在锅内不及时拿出，需在蒸汽放尽后将锅盖打开，切忌将培养基封闭在锅内过夜。

③ 压力表指针在 0.05 MPa 以上时，不能过快放气，以防止压力急速下

降,液体滚沸,从培养容器中溢出。

④操作过程,请注意安全,小心烫伤。

2.6.4.3 定氮仪

(1) 参考品牌型号

丹麦福斯 FOSS,全自动凯氏定氮仪,型号:kjeltec8400。

(2) 主要参数

①滴定原理:比色法。

②内置滴定系统:不需使用电极,正压式,滴定酸桶以及所有管路内置在主机箱体内。

③符合标准方法程度:完全符合国标 GB 5009.5—2016 第一方法,浓硫酸消化、碱性环境蒸汽蒸馏、硼酸吸收、指示剂滴定终点颜色判定法。

④比色原件:抗老化,每次开机自检并自动校正,无需配制试剂和手工校正。

⑤水/碱液/接收液/滴定酸添加:自动。

⑥试剂泵:风箱泵,不需校正。

⑦试剂(水/碱液/接收液/废液/滴定酸)液位报警:有。

⑧蒸汽可调:40%~100%。

⑨蒸馏旁路:有。

⑩蒸汽延迟时间:0~1 200 秒,在定氮仪主机屏幕上可设置并显示延迟时间。

⑪蒸汽平衡蒸馏 SAFE 时间:0~12 s,在定氮仪主机屏幕上可设置并显示 SAFE 时间。

⑫安全门:旋转互锁,自动开启/关闭。

⑬消化管更换报警:有。

⑭蒸馏馏出液温度监控:有,监控馏出液温度,超温报警并自动停机。

⑮冷凝水流量调节:自动。

⑯滴定缸:内置于主机,每次开机和完成一个样品检测后自动清洗。

⑰自动进样器:多种规格可选,最多可达 50 位以上。

⑱进样器进样方式:整批进样,进样器与消化炉采用通用管架,样品连同 20 位消化管架整体置入进样器,主机进样时不需更换管架或转移消化液,避免误操作以及样品交叉污染。

⑲操作界面:彩色触摸屏,中文操作界面。

⑳消化批处理能力:8 个/批,铝模块一体成型材质,保证加热消化的

均匀性；可升级为自动升降型，升级后可编辑超过 200 个程序，每个程序超过 20 步。

㉑ 消化炉适用消化管规格：250 mL、400 mL。

㉒ 测量范围：0.1~200 mg N。

㉓ 重现性（RSD）：≤1%。

㉔ 回收率（1~200 mgN）：≥99.5%。

㉕ 全自动凯氏定氮仪主机：内置中英文操作系统，液晶触摸屏控制。具有超温超压保护的内置全自控蒸汽发生器，蒸汽发生器输出功率可调，具备待机功能，可在暂停后迅速启动分析，减少预热时间。具有超温超压保护的内置全自控可调蒸汽发生器，配备带液位传感器的储液桶（蒸馏水、碱、接收液、滴定液及废液），带全自动分析控制系统，包括样品稀释、碱液添加、吸收液添加、蒸馏、滴定、计算、报告以及消化管自动排空、滴定缸自动清洗功能等全自动功能。整机具有全套的自动监控报警和保护功能（如自动开关安全门、蒸汽发生器过压保护、过热保护、冷凝效果的超温保护，试管在位/更换监控）和冷却水节水控制功能。

(3) 用途

测定样品的氮含量。

(4) 使用方法

① 试剂的准备如下。

浓硫酸（AR）。

硫酸铜与硫酸钾：每个样品称取五水硫酸铜 0.1 g（CP）g，硫酸钾（CP）1.5 g。

混合指示剂：量取 0.1%甲基红乙醇溶液（A）和 0.1%溴甲酚绿乙醇溶液（B），以 1∶5 进行配比，临用时再混合。注意：配好的接收液颜色应该是暗紫色（蓝紫色）。

4.1%（w/v）硼酸溶液：溶解 100 g 硼酸在无离子水中，再加入无离子水到大约 9 L 并混合。冷却到室温并加入 100 mL 溴甲酚绿指示剂溶液和 70 mL 甲基红指示剂溶液，然后定容到 10 L。

40%氢氧化钠溶液（w/v）：称取氢氧化钠 40 g，加蒸馏水溶解并稀释至 100 mL（按此比例配比）。

无水碳酸钠。

0.1 M 盐酸标准溶液的配制与标定。

② 样品的消化。称取约 1 g 的样品，精确至 0.001 g，倒入凯氏烧瓶内，

注意不要将样品沾在瓶颈内壁上。加入配置好的硫酸铜与硫酸钾混合剂 0.4~0.5 g，及 12 mL 浓硫酸，轻轻摇动烧瓶，直至瓶内样品团块消失，使样品完全湿透，不要加入防沸物如玻璃珠等（以防在仪器排液的时候吸入）。消化瓶放在消化架上，设定温度为 400℃，消化 3 h（若样品量大于 0.1 g 则可适当延长消化时间到 5 h）。待瓶内液体冷却后再取出消化瓶。整个消化过程在通风厨中进行。

③ 操作步骤如下。

先打开与凯式定氨仪连接的水龙头，检查进水管、排水管以及回收液碱液硼酸的管道是否畅通，然后打开定氨仪电源开关，仪器进行自动检测。

系统人工调试与清洗。按"MANUAL"后选择"REC. sol"用硼酸回收液清洗，然后按"DILUTE"蒸馏水清洗 2 遍，再按"ALKALI"氢氧化钠清洗，最后按"BURETTE"进行排酸，仪器调试完毕。

样品测定。

测定完毕后，放入一根空消化管，按"DILUTE"键 2 次和"STEAM"键用蒸馏水、蒸汽进行冲洗，然后用蒸馏水对反应缸进行清洗。关闭仪器总电源，在反应缸中装入蒸馏水淹没金属探头，最后关闭水龙头。

(5) 注意事项

① 样品前处理：样品应尽量选取具有代表性、块大的固体样品应用粉碎设备打得细小均匀，液体样要混合均匀。

模块化消解装置消化样品：消化过程中，首先要确保浓硫酸量足够，如样品脂肪含量较高时，应适当增加硫酸量；其次对某些样品炭化易产生泡沫，这时可采用 sh520 消解炉曲线升温或手动控制升温，让消解溶液沸腾均匀后再提高消解温度，直至消化液呈透明蓝绿色再消化 0.5 h 或 1 h。因为炭化过程中，升温速度过快会使样品溢出消化管或溅起粘附在管壁导致无法消化完全而造成氮损失，影响结果准确性。

② 上机测定：仪器稀释水采用中性去离子水；蒸汽发生瓶内的水必须保持酸性；硼酸吸收液配制时应用中性去离子水，避免碱性物质的混入，盛装硼酸吸收液的容器应刷洗干净；碱液应用中性去离子水配置；滴定用的标准酸必须按照标准配制和标定。上机测试样品前，应打开仪器预热，放一支消化管空蒸一次，排除蒸馏管路中的空气。蒸馏时必须加碱，加入碱的作用一是中和硫酸，二是使溶液处于强碱性，这样才能使 $(NH_4)_2SO_4$ 变成 NH_3 被硼酸吸收，通常是消化取用浓硫酸的 4 倍体积（40%NaOH）。硫酸铜可作为催化剂，并在蒸馏时作碱性反应指示剂，氢氧化钠是否足量。可借助硫酸

铜在碱性条件下生成的褐色沉淀或深蓝色的铜氨络离子指示。若溶液的颜色不改变,则说明所加的碱液不足。蒸馏是否完全,半自动凯氏定氮仪可用精密 pH 值试纸测冷凝管的冷凝液来确定,中性说明已蒸馏完全。全自动凯氏定氮仪目前主要是以蒸馏体积与设置时间(经验值)确保蒸馏完全。蒸馏结束后,滴定主要分为人工滴定和机器自动滴定计算和打印实验结果。要求操作者根据实际情况,按照要求操作。

2.6.4.4 摇床

(1)参考品牌型号

上海博迅小容量立式摇床(恒温带制冷),型号:BSD-YX2200(图 2-33)。

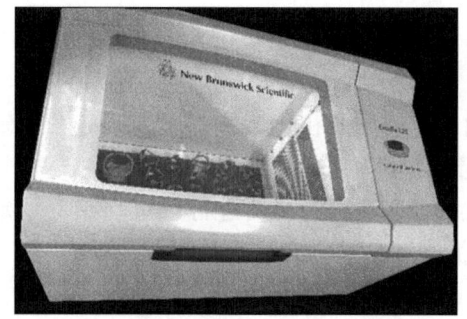

图 2-33 小容量立式摇床(型号:BSD-YX2200)

(2)主要参数

① 振荡方式:回旋振荡式。

② 控制方式:PID 微电脑。

③ 显示:LCD。

④ 对流:强制对流。

⑤ 温控范围(℃):4~60。

⑥ 温控分辨精度(℃):±0.1。

⑦ 温控波动度(℃):±0.2(37℃时)。

⑧ 温控均匀度(℃):±1(25℃空载时)。

⑨ 回旋/往复频率范围(r/min):30~300。

⑩ 回旋/往复频率精度(r/min):±1。

⑪ 振幅(mm):Φ26。

⑫ 定时范围(h):0~999。

⑬ 摇板数量(块):2。

⑭ 电源：AC220V 50/60Hz。
⑮ 外形尺寸（mm）：730×685×1 300。
⑯ 内胆尺寸（mm）：630×490×640。
⑰ 摇板尺寸（mm）：530×410。
⑱ 标准配置（mL×支）：250 mL×20。
⑲ 最大配置（mL×支）：50 mL×60 /100 mL×60 /250 mL×38 /500 mL×26 /750 mL×20。

（3）用途

用于生物、生化、细胞、菌种等各种液态、固态化合物的振荡培养。

（4）使用方法

① 将试验瓶装入摇床，并且保持试验瓶平衡，若为双功能机型，则对振荡方式进行设定。

② 将电源接通，定时按照机器表面刻度来设定，若需要进行长时间的工作，调节定时器到"常开"位置。

③ 将电源开关打开，对恒温温度进行设定。在"设定"段放置控制小开关，此时设定的温度即是显示屏显示的温度，对旋钮进行调节，调节到工作所需温度就行（设定的工作温度应当比环境温度要高，这时机器开始加热，黄色指示灯亮，不然机器不工作）。在"测量"端放置控制部分小开关，这时，试验箱内空气的实际温度就是显示屏显示的温度，显示的数字会随着箱内气温的变化而相应地发生变化。当加热到所需的温度时，会自动停止加热，绿色指示灯亮。散发试验箱内的热量，当温度比所设定的温度低时，就会又开始新的一轮加热。

④ 将振荡装置开启，将控制面板上的振荡开关打开，指示灯亮。将振荡速度旋钮调节至所需的振荡频率。

⑤ 结束工作以后将电源切断，将调速旋钮与控温旋钮调到Z低点。

⑥ 对机器进行清洁，保持干净。

（5）注意事项

① 不要使用物体对机器进行撞击。

② 为了避免意外发生，不要让儿童接近机器。

③ 在对熔断器进行更换前，应首先确保切断电源。

④ 结束使用后要先对机器进行清理，水滴、污物不能残留。

⑤ 应当在比较牢固的工作台面上放置器具，应当具备清洁整齐的环境以及良好的通风。

⑥ 电源插座应当接地良好。

⑦ 正常工作时,请不要移动机器。

2.6.4.5 发酵罐

(1) 参考品牌型号

上海百仑四联 10 L 发酵罐,型号:BLBIO-10SJ-4。

(2) 主要参数

① 控制范围:发酵放大系统。

② 基本控制参数:温度、搅拌转速、pH 值、溶氧、补料、消泡、空气流量、罐压、发酵液体积等参数的设定、显示及控制。

③ 计量功能:可以直接计量发酵液、补料、泡敌、酸和碱,发酵液体积、排气 O_2、排气 CO_2、OUR、CER、RQ、KLa、ECO_2、EO_2 等 14 个直接参数,并可计算间接参数。

④ 相关工艺参数如温度、pH 值、溶氧、转速、罐压计算机的数据能导入 Excel。

⑤ 发酵罐系统具备多种关联控制:转速与溶氧的关联控制,补料与溶氧的关联控制,补料与 pH 值的关联控制,溶氧与空气流量的关联控制等。

⑥ 流程图显示各开关阀门、泵、电机工作状态,程序状态及数据显示,设置管理层密码,能手动进行操作维护。

⑦ 发酵罐能够对灭菌过程的关键参数及曲线和发酵过程的罐温、转速、罐压、pH 值、溶氧等参数及曲线进行实时记录,并能保存一定量的历史数据及曲线记录(要求记录 12 个月以上的数据),同时能导出以及打印。

⑧ 程序控制功能:顺序控制,对所有的控制参数可以预先设定至少 10 个控制段,以实现自动分段控制;关联控制,溶氧可以选择转速、空气流量、罐压、补料等进行控制;pH 值可以选择加酸加碱来控制。

⑨ 所有功能都能设定为自动、手动、顺序控制及关闭状态。

⑩ 安全权限设置:用户凭身份和密码进入。

(3) 用途

进行微生物发酵的装置。

(4) 使用方法

① 校正。pH 值电极和溶氧电极。

② 罐体灭菌。根据需要将培养基配入罐体,按要求封好后将罐体放入大灭菌锅灭菌(115℃,30 min)。

③ 待罐体冷却后,将其置于发酵台上,安装完好;打开冷却水,打开

气泵电源，连接通气管道开始通气，调节进气旋钮使通气量适当；打开发酵罐电源，设置温度、pH 值、搅拌速度等，640 r/min 下开机转动 30 min，设定溶氧电极为 100。

④ 待温度稳定、各项参数都正确后，将预摇好的种子接入，开始发酵计时，并开始记录各种参数。

⑤ 发酵完毕后清洗罐体和电极，将电极插入有 4M 氯化钾的三角瓶中待用。

(5) 注意事项

① 必须确保发酵罐的所有单件设备能正常运行时使用本系统。

② 在消毒过滤器时，流经空气过滤器的蒸汽压力不得超过 0.17 MPa，否则，过滤器滤芯会被损坏，失去过滤能力。

③ 在发酵过程中，应确保罐压不超过 0.17 MPa。

④ 在实消过程中，夹套通蒸汽预热时，必须控制进汽压力在设备的工作压力范围内（不应超过 0.2 MPa），否则会引起发酵罐的损坏。

⑤ 在空消及实消时，一定要排尽发酵罐夹套内的余水，否则可能会导致发酵罐内筒体压扁，造成设备损坏；在实消时，还会造成冷凝水过多导致培养液被稀释，从而无法达到工艺要求。

⑥ 在空消、实消结束后的冷却过程中，严禁发酵罐内产生负压，以免造成污染，甚至损坏设备。

⑦ 在发酵过程中，发酵罐的罐压应维持在 0.03~0.05 MPa，以免引起污染。

⑧ 在各操作过程中，必须保持空气管道中的压力大于发酵罐的罐压，否则，会引起发酵罐中的液体倒流进入过滤器中，堵塞过滤器滤芯或使过滤器失效。

⑨ 如果遇到自己解决不了的问题请直接与发酵罐的售后服务部门联系。请勿强行拆卸或维修发酵罐。

2.6.4.6　高效液相色谱分析仪器

(1) 参考品牌型号

安捷伦 1260 Infinity II。

(2) 主要参数

① 工作条件如下。

电源：220 V + 10%，50~60 Hz AC，4 000 W。

温度：4~55℃。

相对湿度：<95%。

② 四元高压泵系统如下。

四元泵，内置真空脱气机，在线柱塞清洗装置。

串联式双柱塞往复泵，20~100 μL 自动连续可变冲程，步进马达提供精准步程，全齿轮传动泵。

流量范围：0.001~10.0 mL/min，递增率 0.001 mL/min。

流量精度：<0.07%RSD。

压力范围：0~400 bar。

压力脉动：在整个压力范围内，1 mL/min 流量时，<1%。

可压缩性补偿：根据流动相自动调节或用户选择。

③ 四通道真空在线脱气机说明如下。

工作原理：真空膜过滤方式，脱气效率高；内置真空泵，压力传感器，实时监控真空腔压力变化，保证及时高效的脱气操作。

通路：4。

最大流速：10 mL/min。

pH 值：2~13。

④ 自动进样器说明如下。

样品容量：132 位 2 mL 样品盘和两个 15 位 6 mL 样品盘。

进样范围：标准进样 0.1~1 500 mL。

进样精度：<0.25% RSD。

交叉污染：<0.0004%。

重复进样次数：1~99 次/样品。

控制功能：内置计量泵进行定量，可实现柱前自动衍生化程序，柱前样品自动稀释，自动混合；自动洗针程序，控制取样及进样速率等。

压力范围：0~400 bar 。

配置有冷光源照明系统。

⑤ 智能柱温箱如下。

室温以上 5~80℃。

控温精度：+0.15℃。

控温准确度：+0.5℃。

箱容积：同时放置 2 根 30 cm 长色谱柱。

可内置柱切换阀。

采用 Peltier 半导体控温，非风冷。

⑥ 紫外可变波长检测器如下。

氘灯；双波长。

波长范围：190~600 nm。

短期噪音：±1.5·10-6 AU（230 nm 处，湿池测定）。

漂移：$<1\times10^{-4}$ AU/hr，230 nm。

线性范围：>2.5AU。

波长准确性：±1 nm（氧化钬滤光片进行实时矫正）。

电子温度控制 ETC：在不稳定的环境中提供更好的基线稳定性。

配备半制备流通池。

⑦ 软件系统（原装进口软件系统）说明如下。

全新的多级权限管理，可设置多达 20 个使用者账户，每个使用者有多达 20 项的功能可供选择，并可以无限制免费添加账户。审计追踪，实时记录仪器使用操作情况，随时查阅仪器状态。自动分析功能，可自动采样、数据处理和生成报告。安全及自我检测功能，具有诊断功能、错误检查和显示功能、漏液检查功能、安全泄漏检测功能、检漏后自动停泵功能、预防溶剂抽干功能等。在主要维护处均设置低压状态。

（3）用途

用于分析高沸点不易挥发的、受热不稳定的和分子量大的有机化合物。

（4）使用方法

① 检查溶剂托盘托盘上的溶剂是否足量，以溶剂液面超过输液管过滤头 5 cm 以上为宜。

② 检查输液管内部有否气泡，若有，应及时通过排液阀排出。

③ 对溶剂（针对第 1 项看是否需要补充溶剂）和样品进行处理，过滤，脱气。

④ 打开主机电源，依次打开检测器，泵 A，泵 B，柱箱的电源。

⑤ 打开电脑，开启色谱工作站。

⑥ 先在工作站中开启活塞泵，以及所需的流动相平衡系统（约需 30 min）。

⑦ 打开氘灯，等待系统基线走稳。

⑧ 开始进样检测。

（5）注意事项

① 流动相必须用 HPLC 级的试剂，使用前过滤除去其中的颗粒性杂质和其他物质（使用 0.45 μm 或更细的膜过滤）。

② 流动相过滤后要用超声波脱气，脱气后应该恢复到室温后使用。

③ 不能用纯乙腈作为流动相，这样会使单向阀粘住而导致泵不进液。

④ 使用缓冲溶液时，做完样品后应立即用去离子水冲洗管路及柱子 1 h，然后用甲醇（或甲醇水溶液）冲洗 40 min 以上，以充分洗去离子。对于柱塞杆外部，做完样品后也必须用去离子水冲洗 20 mL 以上。

⑤ 长时间不用仪器，应该将柱子取下用堵头封好保存，注意不能用纯水保存柱子，而应该用有机相（如甲醇等），因为，纯水易长霉。

⑥ 每次做完样品后应该用溶解样品的溶剂清洗进样器。

⑦ C_{18} 柱绝对不能进蛋白样品，血样、生物样品。

⑧ 堵塞导致压力太大，按预柱→混合器中的过滤器→管路过滤器→单向阀检查并清洗，清洗方法如下。以异丙醇作溶剂冲洗；放在异丙醇中间用超声波清洗；用 10% 稀硝酸清洗。

⑨ 气泡会致使压力不稳，重现性差，所以在使用过程中要尽量避免产生气泡。

⑩ 进液管内不进液体时，要使用注射器吸液；通常在输液前要进行流动相的清洗。

⑪ 要注意柱子的 pH 值范围，不得注射强酸强碱的样品，特别是碱性样品。

⑫ 更换流动相时应该先将吸滤头部分放入烧杯中边振动边清洗，然后插入新的流动相中。更换无互溶性的流动相时要用异丙醇过渡一下。

2.6.4.7 离心机

（1）参考品牌型号

德国 Eppendorf，型号：5810 R（图 2-34）

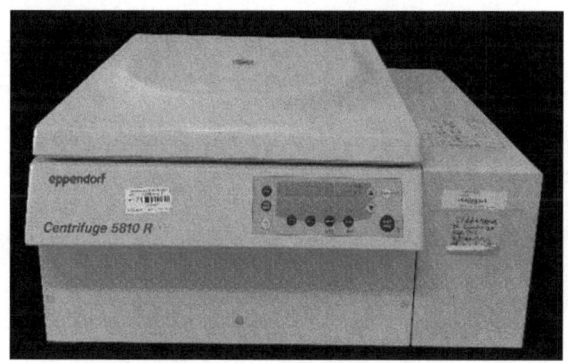

图 2-34　离心机（型号：5810 R）

（2）主要参数

① 安全：标配气密性转子（Eppendorf 新标准）。

② 时间设置：0.5~599 min，可连续运转。

③ 加速至最高转速的时间：15 s。

④ 从最高转速减速的时间：15 s。

⑤ 超静音，可以无转子盖的情况下离心。

⑥ 离心结束后自动开盖，减少样品预热。

⑦ 离心结束后声音提示。

⑧ 便利的 Eppendorf 两旋钮操作。

⑨ "Short spin" 可选择速度的短时离心功能可以快速完成瞬时离心功能；Rpm/Rcf 设置可以相互转换。

⑩ 转子和适配器可以整体高压灭菌。

⑪ 系统达到 IEC1010-2-020 国际最高安全标准。

（3）用途

利用转子高速旋转产生的强大离心力，分离液体与固体颗粒或液体混合物中各组分，适用于微量样品快速分离合成。

（4）使用方法

① 离心机应放置在水平坚固的地板或平台上，并力求使仪器处于水平位置以免离心时造成仪器振荡。

② 打开电源开关，将预先平衡好的样品对称放置于转头的样品架上，关闭机盖。

③ 旋动定时旋钮设定离心时间，缓慢旋转转速调节旋钮使仪器转速达到预定要求。

④ 离心完毕后，将转速调节旋钮调回零位，关闭电源开关。

⑤ 待离心机完全停止转动时打开机盖，取出离心样品，再次关闭机盖结束离心。湿度传感器探头，不锈钢电热管 PT100 传感器，铸铝加热器，加热圈流体电磁阀。

（5）注意事项

① 离心机应始终处于水平位置，外接电源系统的电压要匹配，并要求有良好的接地线。

② 开机前应检查机腔内有无异物并及时清理。

③ 样品应预先平衡，使用离心机微量离心时离心套管与样品应同时平衡。

④ 挥发性或腐蚀性液体离心时，应使用带盖的离心管，并确保液体不外漏，避免侵蚀机腔或造成事故。

⑤ 每次操作完毕，应做好使用情况记录，应定期对机器各项性能进行检修。

⑥ 离心过程中若出现异常，应立即关闭电源，并报请有关技术人员检修。

⑦ 定期清洁机腔。

⑧ 使用离心机时要遵守左右手分开原则，以右手操作仪器。

⑨ 使用冷冻离心机时，除注意以上要求外，还应注意擦拭机腔时的动作要轻柔，以免损坏机腔内温度敏感器。

2.6.4.8 涡旋仪器

（1）参考品牌型号

海门其林贝尔，型号：VORTEX-5（图2-35）。

图2-35 涡旋仪器（型号：VORTEX-5）

（2）主要参数

① 电源：220V/50Hz。

② 功率：40 W。

③ 转速：3 000 r/min。

④ 工作方式：点动、连续、无级调速。

⑤ 工作台直径：55 mm 橡胶。

（3）用途

用于化验分析实验室作混合匀和、萃取；生物、生化、细胞、菌种等各种样品振荡培养。

（4）使用方法

① 仪器应放在较平滑的地方，最好在玻璃台面上。使仪器底部的橡胶脚与台面相吸。

② 电源插头插入 220 V 交流电源，开启电源开关，则电机就转动。用手拿住试管或三角烧瓶放在海绵振动面上并略施加压力，在试管内的溶液就会产生旋涡，而三角烧瓶中则起高低不等的水泡，达到混合的目的。注：（容器中被混物的体积，一般以不超过容器容积的 1/3 为佳。）

③ 如果开启电源开关后，电机不转动，应检查插头接触是否良好，保险丝是否烧断（应断电进行）。

④ 仪器要妥善保管，应放在干燥、通风、无腐蚀性气体的地方。使用中切勿使液体流入机芯，以免损坏器件。

（5）注意事项

① 使用环境要求工作台面要牢固平整洁净，环境中无腐性气体存在，要保持通风环境良好。

② 使用设备之前要先做好检查工作，随机配件是否齐全，所提供的电压是否符合设备要求，检查设备的接地设备是否连接，检有器件是否有损坏，以免影响工作。

2.6.4.9 电子天平

（1）参考品牌型号

METTLER TOLEDO，型号：ME104（图 2-36）。

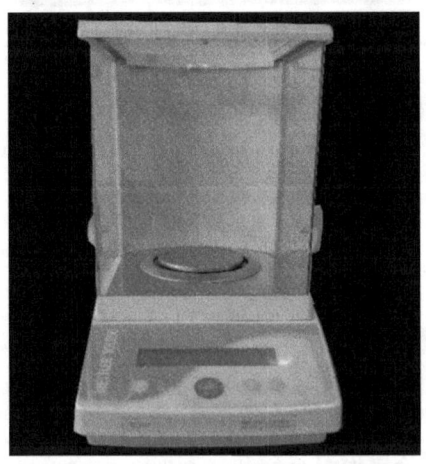

图 2-36 电子天平（型号：ME104）

（2）主要参数

① 内部校准的天平型号：ME104。

② 外部校准的天平型号：ME104E。

③ 最大称量值：120 g。

④ 可读性：0.1 mg。

⑤ 重复性：0.1 mg。

⑥ 线性误差 0.2 mg。

⑦ 稳定时间：2 s。

⑧ 灵敏度温度漂移：2.0 ppm/℃。

⑨ 秤盘外形尺寸：Ø90 mm。

⑩ 净重：4.7 kg（ME）/4.5 kg（ME E）。

⑪ 应用程序：配方称量、求和称量、动态称量、计件称量、密度测定、百分比称量、检重称量、统计称量、自由因子称量。

（3）用途

用于称量物体质量。

（4）使用方法

① 调平：电子天平开机前，应观察天平后部水平仪内的水泡是否位于圆环的中央，否则通过天平的地脚螺栓调节，左旋升高，右旋下降。

② 预热：电子天平在初次接通电源或长时间断电后开机时，至少需要 30 min 的预热时间。因此，电子天平在通常情况下，不要经常切断电源。

③ 称量：按下 ON/OFF 键，接通显示器；等待仪器自检。当显示器显示零时，自检过程结束，天平可进行称量；放置称量纸，按显示屏两侧的 Tare 键去皮，待显示器显示零时，在称量纸加所要称量的试剂称量。称量完毕，按 ON/OFF 键，关断显示器。

（5）注意事项

① 电子天平应处于水平状态。

② 电子天平应按说明书的要求进行预热。

③ 保持天平室内的环境日常卫生，更要保持天平称量室的清洁，一旦物品撒落应及时小心清除干净。

④ 称量易挥发和具有腐蚀性的物品时，要盛放在密闭的容器内，以免腐蚀和损坏电子天平。

⑤ 操作天平不可过载使用，以免损坏天平。

⑥ 放入天平的物体温度不宜太高以免损坏仪器，一般温度≤70℃。

2.6.4.10 移液器

(1) 参考品牌型号

德国 Eppendorf Research plus 系列单道可调移液器(整支可消毒)(图 2-37)。

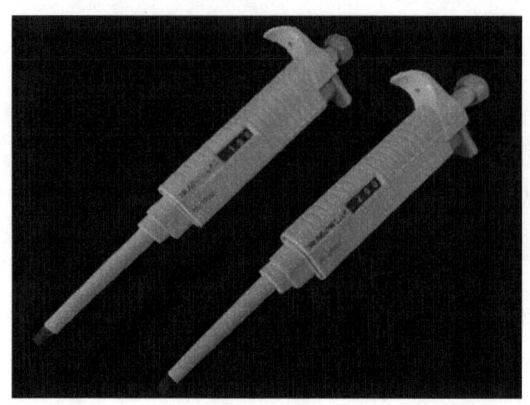

图 2-37 移液器(型号:Eppendorf Research plus)

(2) 主要参数

① 四位数字显示,精密度高,移液时便于观察读数框。

② 可整支高温高压灭菌和紫外线灭菌,操作更安全。

③ 卓越人体工程学设计,重量轻,仅为 78~80 g,操作用力小,避免发生手部重复性劳损(RSI),单手可调,光滑轻便,适手性好。

④ 伸缩式弹性吸嘴设计,防止吸头安装高低不平,确保移液气密性和均一性。

⑤ 独有的密度调节功能,适用于不同密度的液体,通用性更广泛。

⑥ 采用 PerfectPiston™ 系统的高科技材质,坚固耐用,耐高温抗腐蚀。

⑦ 0.1 μL~10 mL 10 种不同量程选择,全面满足不同应用需求。

(3) 用途

用于定量转移液体。

(4) 使用方法

① 选择合适的移液器:移取标准溶液(如水、缓冲液、稀释的盐溶液和酸碱溶液)时多使用空气置换移液器,移取具有高挥发性、高黏稠度以及密度大于 2.0 g/cm 的液体或在临床聚合酶链反应(PCR)测定中的加样时使用正向置换移液器。如移取 15 μL 的液体,最好选择最大量程为 20 μL 的移液器,选择 50 μL 及其以上量程的移液器都不够准确。

② 设定移液体积：调节移液器的移液体积控制旋钮进行移液量的设定。调节移液量时，应视体积大小而旋转刻度至超过设定体积的刻度，再回调至设定体积，以保证移取的最佳精确度。

③ 装配吸头：使用单通道移液器时，将可调式移液器的嘴锥对准吸头管口，轻轻用力垂直下压使之装紧。使用多通道移液器时，将移液器的第一排对准第一个管嘴，倾斜插入，前后稍微摇动拧紧。

④ 移液：保证移液器、吸头和待移取液体处于同一温度；然后用待移取吸液体润洗吸头 1~2 次，尤其是黏稠的液体或密度与水不同的液体。移取液体时，将吸头尖端垂直浸入液面以下 2~3 mm 深度（严禁将吸头全部插入溶液中），缓慢均匀地松开操作杆，待吸头吸入溶液后静置 2~3 s，并斜贴在容器壁上淌走吸头外壁多余的液体。

⑤ 移液器的放置：移液器使用完毕后，用大拇指按住吸头推杆向下压，安全退出吸头后将其容量调到标识的最大值，然后将移液器悬挂在专用的移液器架上；长期不用时应置于专用盒内。

（5）注意事项

① 在调节移液器的过程中，转动旋钮不可太快，也不能超出其最大或最小量程，否则易导致量不准确，并且易卡住内部机械装置而损坏移液器。

② 在装配吸头的过程中，用移液器反复强烈撞击吸头反而会拧不紧，长期如此操作，会导致移液器中零件松散，严重时会导致调节刻度的旋钮卡住。

③ 当移液器吸头里有液体时，切勿将移液器水平放置或倒置，以免液体倒流而腐蚀活塞弹簧。

④ 对移液器进行高温消毒时，应首先查阅所使用的移液器是否适合高温消毒后再进行处理。

2.6.4.11　纯水仪

（1）参考品牌型号

PALL（中国），型号：Cascada Ⅲ.I 20（图 2-38）

（2）主要参数

① 工作条件如下。

供给电压：100~240 V；50~60 Hz。

环境温度：5~35 ℃。

相对湿度：20%~80%。

进水水质：市政自来水。

② 实验应用环境如下。

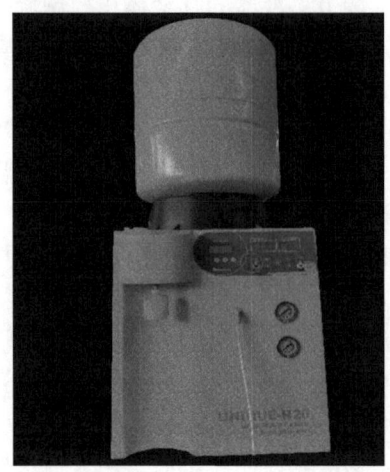

图 2-38　纯水仪（型号：Cascada Ⅲ.Ⅰ20）

实验室三级纯水可应用于缓冲液、pH 值标准溶液和各种化学试剂的配置，同时可为多种仪器作为供水。

实验室一级超纯水可应用于各种化学分析仪器（如 HPLC/ICP-MS 等）、生命科学领域实验（如 PCR、细胞培养、分子生物学等）。

③ 整体描述如下。

系统以自来水直接作为进水，可同时产出实验室三级纯水与超纯水两种水质。

纯水持续产水速度为≥20 L/h，取用速度≥2 L/min。

超纯水产水速度为逐滴至最大 2 L/min，5 种流速可选。

④ 实验室三级纯水产水水质如下。

离子截留率 99%。

有机物截流率（MW >200 Dalton）>99%。

细菌和颗粒 >99%。

⑤ 实验室一级超纯水产水水质如下。

达到或超过各种标准中规定的Ⅰ级水质，如 ASTM、CAP、ISO 3696、CLSI、JIS K0577 等，及 USP、EP 和 ChP 中规定的试剂级超纯水要求。

产水电阻率：18.2 MΩ·cm @ 25℃。

TOC 含量：<5 ppb。

微生物：<0.1 cfu/mL。

直径大于 0.2 μm 的颗粒物数量：<1/mL。

热源含量：<0.001 Eu/mL。

RNases：<0.01 ng/mL。

DNases：<4 pg/μL。

Bisphenol A（双酚 A）：<0.005 ppb。

Diethyl phthalate（DEP-邻苯二甲酸二乙酯）：<0.2 ppb。

Di-n-butyl Phtalate（DNBP）：<0.2 ppb。

Nonylphenol（NP）：<0.1 ppb。

⑥ 自来水预过滤模块如下。

独立的自来水预过滤模块具有 3.2 英寸彩色显示屏，可显示预过滤耗材的剩余使用寿命、模块工作状态和耗材更换报警提示。

根据原水水质不同，有 4 种预过滤柱可供选择，针对性去除自来水中的颗粒物、余氯和有机物。

区别于传统自来水预过滤，该预过滤柱更换方便、快捷，省时省力。

自来水预过滤柱具有智能芯片，可记录预过滤柱型号、生产日期、安装日期，以及产水量、预计更换日期和剩余使用时间，确保安装正确、更换及时准确。

配备原水电导率监控模块，保证较好水质进入主机。

⑦ 主机要求如下。

具备两级反渗透技术，无需额外软化预过滤，离子去除率达到 >99%，保证优质和长期稳定的产水水质。

具有 RO 和 UP 部分全管路自动定时消毒清洗功能。

针对不同实验应用要求，可选择多种去离子柱（附有记忆芯片），包含标准 4L 大容量精制离子交换树脂柱（适用于常规超纯水需求）、低 TOC 柱（适用于高灵敏度分析）和低硼柱（适用于 ICP 分析）。

在离子交换树脂柱上的智能芯片，可记录预过滤柱型号、生产日期、安装日期，以及产水量、预计更换日期和剩余使用时间，确保安装正确、更换及时准确，提高实验室用水安全。

标配 185/254 nm 双波长紫外灯，用于有效降低产水有机物含量。

主机具有独特漏水收集底盘，排水口配置高灵敏度的漏水检测器，可检测到高纯度、且高度仅为 1 mm 的微量漏水。

⑧ 取水装置要求如下。配备独立的远程取水手柄，可在距离主机 2.9 m 的位置取水，根据实验需求，可以最高 2 L/min 速度分配超纯水。取水手柄均具有 2.4 英寸彩色显示屏，实时显示出水水质指标（温度、电阻率、

TOC)、取水速度、水箱液位和报警信息,且取水同时直接读取各种信息。取水臂可调节取水流速和定量取水量,且均安装即插即拔的脚踏开关。取水过程无需用手固定容器,具有定量(0.1 mL~90 L)自动取水功能,精度±1%。5种产水速度可选,从逐滴到最大2 L/min连续可调,包括脚踏开关亦可选择5种流速取水。

⑨ 水箱要求如下。具备105L容积、PE材质吹塑成形和倒圆锥型底部。具有空气除菌过滤功能,有效隔绝空气中的CO_2、细菌和挥发性有机物,保护纯水水质。具有双重液位传感装置,独立高液位传感控制实现异常110%超高液位保护,辅以常规液位控制,实现正常液位控制和超纯水产水低液位保护。配备紫外消毒模块,保证水箱水质,避免菌膜滋生。配备水箱水质监控模块,能实时观察水箱中水质情况。

⑩ 监控系统如下。

内置TOC实时连续在线指示仪,在线检测超纯水中的可氧化总有机碳含量。

⑪ 软件系统如下。

主机配置7英寸彩色触摸显示屏,可进行友好的人机互动;系统以图形和颜色变化对系统安装、耗材更换和系统状态进行可视化显示,最大程度方便使用者。具有中文、英文等多国语言可切换操作界面。操作界面全面实时显示出水信息,包括3种产水水质参数(电阻率、TOC和温度),系统状态、水箱液位和报警信息;监控界面提供所有耗材使用状态信息;所有信息一屏俱览。能够应对不同实验室管理需求,系统具有4种密码控制的操作权限,包括使用、管理、维修和工厂权限,提高系统操控安全性。

(3)用途

生产出符合特殊要求的纯水和超纯水。

(4)使用方法

① 开机:首先打开水源进水球阀,打开电源开关,指示灯亮起,纯水机进入自动工作状态,自动进行一系列检测,随后纯水机自动造水,储水桶满水后自动停机,处于待机状态。如果有漏水现象,则停止进水电磁阀,检修时,关闭电源总开关,检修完毕擦干漏水保护器上面的水,重新开机。

② 取水:纯水仪可同时产出纯水和超纯水,为降低运行成本,请按不同实验需要分别取用纯水或超纯水。

③ 关机:先关闭系统电源,然后拔下电源插头,再关闭自来水进水阀。

(5) 注意事项

① 使用前,首先检查是否有仪器破损。

② 仪器需放置于平整稳固的工作台上,检查插头是否完好,电源开关是否灵活。

③ 开启球阀,接通电源,确保水源和电源均已接通。

④ 观察超纯水机是否有渗漏情况,如果发现渗水及时关闭电源和水球阀。

⑤ 如一切正常,10~20 s 后打开电源开关。

⑥ 取用纯水时,根据实际需求选择水质。

⑦ 在断电或电源开关关闭状态下,方可装载或者更换纯化柱,并且在更换前核对其规格型号是否与本机性能要求相符。

⑧ 纯水仪安装环境温度:夏季不高于 40℃,冬季不低于 4℃。

⑨ 不要将重物放置于纯水仪的盖板上。

⑩ 不要将有腐蚀性的药品放置于设备附近。

⑪ 不要将高温物体放置于设备附近。

2.6.4.12 显微镜

(1) 参考品牌型号

奥林巴斯/OLYMPUS,型号:BX43(图 2-39)。

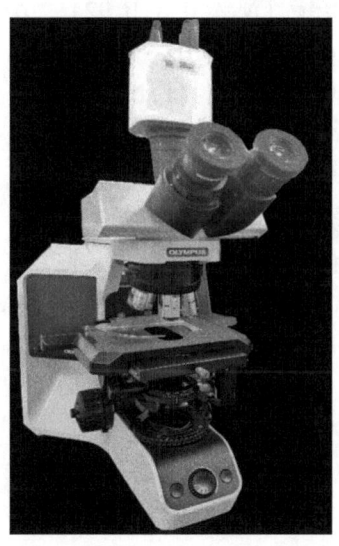

图 2-39 显微镜(型号:BX43)

(2) 主要参数

① 光学系统：UIS2 无限远光学系统。

② 聚焦：垂直移动载物台：载物台行程 25 mm，配有粗调限位器，粗调旋钮可以调节扭矩。载物台安装位置可变，具有高敏感度的微调旋钮（小调焦精度：1 μm）。

③ 照明器：内置透射光科勒照明器，具有光强管理功能。高色彩还原 LED 光源 6V30W 卤素灯光源（预对中）。

④ 物镜转盘：可更换的 5 孔/5 孔编码/6 孔/7 孔/7 孔编码物镜转盘。

⑤ 宽视场：可变倾角、拉伸、升降双目观察筒，可变倾角三目观察筒，正像三目观察筒可变倾角双目观察筒。

⑥ 载物台：陶瓷表面同轴载物台，带有左手或右手低位驱动装置；带有旋转装置和扭矩调节装置。可选购橡胶手柄（可以提供无障碍、凹槽、同轴、平板、可旋转式载物台）。

⑦ 聚光镜：阿贝聚光镜（N.A1.1），用于 4X-100x；摇摆式消色差聚光镜（N.A.0.9），用于 1.25X-100x（摇出后：1.25X-4x）；消色差、消球差聚光镜（N.A.1.4），用于 10X-100x；相差/暗场聚光镜（N.A.1.1），差相：用于 10X-100x，暗场：用于 10X-100x（N.A. 可达 0.80）；低倍聚光镜（NA.0.75），用于 2X-100x（干镜）；低倍聚光镜（N, A.0.16），用于 1.25X-4x；暗场干式聚光镜（N.A.0.8-0.92），用于 10X-100x；暗场油式聚光镜（N.A, 1.20-1.40），用于 10X-100x。

⑧ 荧光照明器：多功能编码型（F.N.2 滤 2 色，镜 8 转孔盘，4 孔 ND 插板）；经济型（F.N.26.5，8 孔滤色镜转盘）。

⑨ 荧光光源：100 W 复消色差汞灯灯室和供电器；100 W 普通汞灯灯室和供电器；75 W 氙灯灯室和供电器。

⑩ 操作环境：室内使用，周围温度：5~40℃（41°F~104°F）；相对湿度：80%在高度高达 31℃（88°F），线性下降到 70%在 34℃（93°F），60%在 37℃（99°F）到 50%相对湿度在 40℃（104°F）；供电电压波动：不超过正常电压的±10%。

(3) 用途

利用光学原理，把人眼所不能分辨的微小物体放大成像，以供人们提取微细结构信息。

(4) 使用方法

① 右手握住镜臂，左手托住镜座。把显微镜放在实验台上，略偏左

(显微镜放在距实验台边缘 7 cm 左右处)。安装好目镜和物镜。

② 转动转换器,使低倍物镜对准通光孔(物镜的前端与载物台要保持 2 cm 的距离)。把一个较大的光圈对准通光孔。左眼注视目镜内。转动反光镜,使光线通过通光孔反射到镜筒内。

③ 将所要观察的玻片标本放在载物台上,用压片夹压住,标本要正对通光孔的中心,这样可以使图像更加清晰。

④ 转动粗准焦螺旋,使镜筒缓缓下降,眼睛从旁边看着,直到物镜接近玻片标本为止,以免物镜碰到玻片标本。

⑤ 左眼向目镜内看,同时反方向转动粗准焦螺旋,使镜筒缓缓上升,直到看清物像为止。再略微转动细准焦螺旋,使看到的物像更加清晰。

(5) 注意事项

① 发现显微镜头有污渍,要用专门的擦镜纸轻轻擦拭。

② 光线强应使用平面反光镜,光线弱应使用凹面反光镜。

③ 使用显微镜的时候动作要轻、稳、用力不要过猛、要轻拿轻放。

④ 观察时双目睁开,不要只睁左眼(或右眼)。

⑤ 反光镜不要对着强烈的直射光线。

⑥ 杜绝硬碾压夹片,载物台要保持干净整洁。

⑦ 严防镜头触碰玻片,以免压碎玻片,划伤镜头,导致镜片不能更好地观察物体。

2.6.4.13 菌落计数仪

(1) 参考品牌型号

Smartcounter(图 2-40)

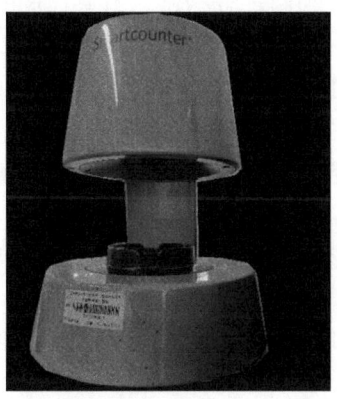

图 2-40 菌落计数仪(型号:**Smartcounter**)

（2）主要参数

① 图像采集：彩色高清晰 CCD 摄像镜头。

② 像素分辨率：500 万、800 万、1 000万。

③ 计数软件：Smartcounter 计数软件。

④ 软件语言：中文/英语。

⑤ 最小计数菌落：>0.1 mm。

⑥ 颜色菌落识别：8 种颜色识别。

⑦ 菌落识别：平板、倾注、无网格滤膜、螺旋接种。

⑧ 典型计数时间：300 个<3 秒。

⑨ 光源：长寿命双 LED 光源。

⑩ 工作温度范围：(0~50)℃。

⑪ 材质：ABS 工程塑料。

⑫ 培养皿直径：标准的 90 mm 和 55 mm。

⑬ 主机尺寸 W×D×H：290 mm×260 mm×380 mm。

⑭ 整机重量：3 kg。

⑮ 工作电源：AC220 V±10%，50 Hz。

⑯ 功率：20 W。

（3）用途

帮助实验人员对菌落进行计数。

（4）使用方法

① 将电源插头插入 220 V 电源插座内。

② 将计数笔插头插入仪器上的插孔内。

③ 将电源开关拨向"开"，计数池内灯亮，同时，数字显示为"000"，表示允许进行计数；如数字不为"000"，应按复零键。

④ 将待检测的培养皿（皿底朝上）放入计数池内。

⑤ 用计数笔在培养皿底面对所有的菌落逐个点数。每点数一个应听到"嘟"声才说明有效，否则应重点。此时点到的菌落被标上颜色，显示数字自动累加。

⑥ 用放大镜仔细检查确认点数无遗漏，计数完毕。

⑦ 显示的数字即为培养皿内的菌落数。

⑧ 记录数字后取出培养皿，按复零键，显示"000"为另一培养皿计数做好准备。

（5）注意事项

① 仪器应放置在平整稳固的实验台上。

② 点数菌落时计数笔不要过于倾斜，轻轻点下至有弹跳感，听到"嘟"声即可。如果点按过重，容易损坏计数笔。

③ 仪器应防潮、防剧烈震动、防直接日光暴晒与酸碱侵蚀，使用后应加防尘罩。

④ 注意防止细菌污染计数池。

⑤ 如果仪器不计数，可以按检验键进行测试。若发现仪器有故障，不应随意拆卸，而是请有经验的技术人员检修或者联系厂家进行维修。

2.6.4.14 超低温冰箱

（1）参考品牌型号：青岛海尔医用低温保存箱，型号：DW-86L388J。

（2）主要参数

① 工作条件：环境温度 10~32℃，电源 220 V/50 Hz。

② 样式：立式。

③ 有效容积：388 L。

④ 外部尺寸：812 mm×893 mm×1 980 mm，箱体设计宽度为 725 mm，适合进入门宽 750 mm 以上门。

⑤ 内部尺寸：465 mm×630 mm×1 310 mm，内胆材质为彩色涂层电锌钢板。

⑥ 净重/毛重（kg）：250/288 kg。

⑦ 温度控制：微电脑控制，温度数字显示，箱内温度-86~-40℃可调，超温报警，断电记忆。

⑧ 安全系统：多种故障报警（高低温报警、传感器故障报警、门开报警、冷凝器脏报警、电池电量低报警）；两种报警方式（声音蜂鸣报警、灯光闪烁报警）；多重保护功能（开机延时保护可设定时间、显示面板密码锁功能）；所有部件独立接地。

⑨ 显示：LED 显示屏，可显示箱内温度，设定温度，环境温度，输入电压。能设定高低温报警和箱内温度，具有故障提示预警功能。

⑩ 门：外门 1 个，内门 2 个；发泡结构内门，有效保温，最大限度避免打开外门后，冷量泄露。可调节搁架，便于物体存放；"创新式"一体式外门门锁手把设计，紧凑式脚轮设计，灵活方便；不锈钢内门手把，结实耐用。外门四层，内门一层，共 5 层密封结构设计，采用耐腐蚀的橡胶材料，抗菌性能优越，加宽、多层密封条设计，密封性更好；气囊结构设计保温更

好。发泡内门密封性更好，存取物品温度回升小。

⑪ 隔热层：VIP 航空隔热真空保温材料+无氟发泡剂，保温效果好。

⑫ 创新双级复叠碳氢制冷系统设计，选用 HC 制冷剂，含氟为 0，绝对环保。

⑬ 进口 SECOP 压缩机，质量更可靠，EBM 进口低噪音，节能风机，提高系统安全性和可靠性。

⑭ 搁架可调，方便用户存储物品，宽气候带设计，适合 10~32℃ 使用；可选配温度记录仪和冻存架、冻存盒、远程报警功能。

⑮ 双锁结构设计，自带暗锁，同时可用挂锁，保证用户存储物品安全性，既安全又可靠。

⑯ 测试孔设计，方便用户实验使用和监控箱内温度。

⑰ 可选配网络接口，配有同品牌智能温度记录仪、冷链安全监控系统，全程监控并记录冷链设备运行状态，并短信报警。

⑱ 可选配样本资源管理信息化系统；规范、便捷管理样本。

⑲ 标配 USB 模块，可同步记录箱内实际温度、设定温度、高低温报警温度、输入电压、环境温度等数据 10 年以上。

⑳ 25℃ 环温时，降温速度 ≤5 h。

㉑ 25℃ 环温时，国家第三方权威结构认证单日耗电量 $8.0\ kW\cdot h/24\ h$。

㉒ 自动加热门体平衡孔设计，彻底解决短时间内连续多次开门，不用等待。

㉓ 标配 5 V 冷链供电系统，专门为冷链采集模块供电，避免外部供电杂乱、触电风险。

㉔ 提供同类产品的省内用户名单。

（3）用途

用于生物材料、样品及样本的超低温冻存；可用于特殊材料、电子器件及金属零件的低温试验和深冷处理；也可用于金枪鱼等高档海鲜的超冷冻保鲜。

（4）使用方法

① 存取样品时门开得不要过大，存取时间尽量要短。

② 强酸及腐蚀性的样品不宜冷冻。

③ 经常要存取的样品请放在上面 2 层，需要长期保存不经常存取的样品请放在下面 2 层，这样可保证开门时冷气不过度损耗，温度不会上升太快。

④ 使用前检查外门的封闭胶条。

⑤ 一般制冷温度设置在 60℃。

⑥ 不要在门上锁的情况下用力去开门，避免门锁被撞坏。

(5) 注意事项

① 室内温度：5~32℃，相对湿度 80%/22℃。

② 距离地面>10 cm。海拔 2 000 m 以下。

③ 由+20℃降至-80℃需要 6 h。

④ 落地四脚平稳，水平。

⑤ 当有断电提示时，按下停止鸣叫按钮。

⑥ 供电电压 220 V（AC）要稳定，供电电流要保证至少在 15 A（AC）以上。

⑦ 当发生停电事故时，必须关闭冰箱后面的电源开关和电池开关，等到恢复正常供电时先把冰箱后面的电源开关打开，然后再打开电池开关。

⑧ 注意散热对冰箱非常重要，要保持室内通风和良好的散热环境，环境温度不能超过 30℃。

⑨ 夏天把设定温度调到-70℃，注意平时设定也不要太低。

⑩ 注意过滤网每个月必须清洗 1 次（先用吸尘器吸一下，吸好后用水冲洗，最后晾干复位），内部冷凝器必须每 2 个月用吸尘器吸一下上面的灰尘。

⑪ 要除霜只能切断冰箱电源并且把门打开，当冰和霜开始融化时必须在冰箱内每一层放上干净和易吸水的布把水吸收且擦干净。

⑫ 要做好防护措施，避免冻伤事故发生。

⑬ 从超低温冰箱拿出样本时，尤其是充满气体的小容器切不可直接放在高温区，由于温度骤然变化容易导致容器爆裂、崩裂等现象，操作时需要注意。

2.6.4.15　普通电冰箱

(1) 参考品牌型号

青岛海尔，型号：BCD-572WDPM（图 2-41）

(2) 主要参数

① 类别：对开门。

② 总容积：240 L。

③ 冷藏室容积：373 L。

④ 冷冻室容积：199 L。

⑤ 温控方式：电脑控温。

图 2-41 电冰箱（型号：BCD-572WDPM）

⑥ 制冷方式：风冷。

⑦ 制冷能力：12 kg/24 h。

⑧ 气候类型：SN-N-ST。

⑨ 能效等级：1 级。

⑩ 显示屏：LED 显示屏。

⑪ 额定耗电量：1.08 kW·h/d。

⑫ 噪声值：42 db。

⑬ 制冷剂：R600a。

⑭ 压缩机：定频。

⑮ 无霜功能：支持。

⑯ 速冷/速冻：速冻。

⑰ 开门报警：支持。

⑱ 外形尺寸：768 mm×908 mm×790 mm。

⑲ 净重/毛重（kg）：108/121。

（3）用途

用于科研实验室储存冷藏、低温、恒温物品。

（4）使用方法

① 开机：按说明书要求放好后，插上电源，调节温度旋钮使冷藏室温度在4℃左右，冷冻室及冰柜温度达-20℃，2 h 候用温度计确认。系统进入正常运行状态后即可正常使用。

② 关机：若冰箱较长时间不用或需要送修时，要关闭电源，并拔下插头；清空冰箱内的所有贮存物，并妥善放置到其他冰箱内，打开冰箱门，等待冰箱内的霜化完。用肥皂水擦洗冰箱内胆，用消毒液再擦洗一次；保持冰箱门打开，待其自然干燥。

（5）注意事项

① 实验室冰箱主要存放生物试剂或样本等实验材料，尽量不要存放与实验不相关的物品。

② 所有试剂、样品等需要严格按温度说明存放在指定的存储温度区域，切不可混放、乱放，易造成样本溶解、试剂失效。

③ 冰箱内的湿度较高，放入冰箱内的物品尽量密封保存，对于易受潮、变形的纸质包装试剂或样品可以装在自封袋内密封后再置入冰箱以避免包装盒受潮破损、变形。

④ 实验室冰箱一般都会带有安全锁，尽量做到专人专管，以保证实验安全。

2.6.4.16 培养箱

（1）参考品牌型号

上海博迅液晶程控生化培养箱，型号：BSP-150

（2）主要参数

① 控温范围：0~60℃。

② 分辨率：≤0.1℃。

③ 波动度：≤±0.5℃。

④ 均匀度：≤±1℃（37℃时）。

⑤ 输入功率：1 000 W。

⑥ 定时范围：0~9 999 min。

⑦ 内胆尺寸（mm）：≥510×390×760。

⑧ 外形尺寸（mm）：≥650×680×1 400。

⑨ 载物托架：≥3块。

（3）用途

用于低温恒温试验、培养试验、环境试验等。

（4）使用方法

① 培养箱放置在清洁整齐，干燥通风的工作间内；使用前，面板上的各控制开关均应处于非工作状态；在培养架上放置试验样品，放置时各试瓶（或器皿）之间保持适当距离，以利热（冷）空气的对流循环；接通外电源，将电源开关置于"开"的位置，指示灯亮；选择培养温度。

② 将温度调节到所需的温度，数字显示所需的设计温度。温度的设定请严格按照控温仪说明书操作。

③ 数字显示工作腔内实际温度。如果环境温度低于设定温度加热，培养箱会自动加热，如果环境温度高于设定温度则培养箱会自动制冷。

④ 观察工作腔内照明开关。工作完毕，置各控制开关处于非工作状态，切断电源。

（5）注意事项

① 为防止污染，低温使用时应尽量避免在工作腔壁上凝结水珠。

② 不适用于含有易挥发性化学溶剂低浓度爆炸气体和低着火点气体的物品以及有毒物品的培养。

③ 正确地使用和维护保养培养箱（如合适的环境温度和工作温度；外露制冷压缩机，丝管冷凝器的有效散热）使其处于良好的工作状态，可延长使用寿命。

④ 制冷系统工作时，除试验需要，应避免频繁开启箱门，这对保持温度稳定、防止灰尘、污物进入均有好处。

⑤ 制冷系统停止工作后，如出现故障或遇疑难，企业将继续提供优质服务，予以协助处理。

2.6.4.17 烘干箱

（1）参考品牌型号

上海博迅，型号：BGZ-240（图2-42）。

（2）主要参数

① 电源电压：AC 220 V±10%/50 Hz±2%。

② 控温范围：室温+5~250℃。

③ 分辨率：0.1℃。

④ 波动度：±0.5℃（100℃）。

⑤ 输入功率：1 700 W。

⑥ 内胆尺寸（mm）：600×540×750。

⑦ 外形尺寸（mm）：890×675×925。

⑧ 载物托架：3块。

⑨ 定时范围：0~99 h60 min。

（3）用途

用于工矿企业、医疗卫生、医药、生物、农业、电子、化工、环境保护、科研单位等部门对物品进行烘焙、干燥、溶解、消毒等用。

图 2-42　烘干箱（型号：BGZ-240）

（4）使用方法

① 操作者应熟悉该设备的性能及结构，取得操作资格证后方可进行操作。

② 把需干燥固化处理的工件放入干燥箱内，上下四周应留存一定空间，保持工作室内气流畅通，关好干燥箱门。

③ 根据干燥固化物品情况，把风门调节旋钮旋到合适位置。

④ 打开电源及风机开关。此时电源指示灯亮，电机运转。控温仪表显示经过"自检"过程后，"PV"屏应显示工作室内测量温度，"SV"屏应显示使用中需干燥的设定温度，此时干燥箱即进入工作状态。

⑤ 按下"L"键，此时"SV"屏显示"5P"，用↑或↓改变原"SV"屏显示的温度值，直至达到需要值为止。设置完毕后，按下"SET"键，"PV"显示"5T"，进入定时功能。若不使用定时功能则再按下"SET"键，使"PV"屏显示测量温度，"SV"屏显示设定温度即可。若使用定时，则当"PV"屏显示"5T"时，"SV"屏显示"0"，用加减键设定所需时间，设置完毕，按下 SET 键，使干燥箱进入工作状态即可。

⑥ 将温度时间设定完成后，打开箱门放入产品，然后关闭箱门压紧锁扣，进入设定好的工作状态。

（5）注意事项

① 干燥箱恒温干燥时恒温室下方的散热板上，不能放置物品，以免烤

坏物品或引起燃烧。

② 电热恒温鼓风干燥箱消耗的电流比较大。因此，它所用的电源线、闸刀开关、保险丝、插头、插座等都必须有足够的容量。为了安全，箱壳应接好地线。

③ 放入箱内的物品不应过多、过挤。

④ 严禁把易燃、易爆、易挥发的物品放入箱内，以免发生事故。

⑤ 对玻璃器皿进行高温干热灭菌时，须等箱内温度降低之后，才能开门取出，以免玻璃骤然遇冷而炸裂。

⑥ 如果需要观察恒温室内的物品。

⑦ 每台工业烤箱附有试品搁板两块。搁板每块平均负荷为 15 kg，放置试品时切勿过密与超载，以免影响热空气对流。

⑧ 切勿把机箱体放在含酸、含碱的腐蚀环境中，以免破环电子部件。

2.6.4.18 超微粉碎机

（1）参考品牌型号

鼎力，型号：连续式粉碎机 DLF-100（图 2-43）。

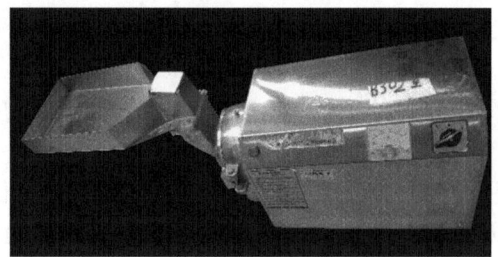

图 2-43 超微粉碎机（型号：DLF-100）

（2）主要参数

① 功率：2.5 kW。

② 额定电压：AC220 V。

③ 产量：20~60 kg。

④ 粉碎细度：100~150 目。

⑤ 电机转速：6 000 r/min。

⑥ 重量：60 kg。

⑦ 外形尺寸：65 cm×27 cm×5 cm

（3）用途

实现干性物料超微粉碎。

(4) 使用方法

① 使用 16A 电源插座，建议使用 4m² 以上的接地电源线。

② 粉碎前将机器固定在稳妥的工作台上或使用配套滑动底座工作架。

③ 装置好相应粉碎细度筛片，最细的筛片应搭配最大孔径的筛片使用。

④ 关闭粉碎仓门并拧紧，锁紧手柄，确保机器装置的微动开关正常启动。如果粉碎仓盖门手柄没有充分锁紧，微动开关没有触动，机器无法正常启动。（切记要检查到位）

⑤ 套上装料布袋并扎紧，确保不会漏粉。

⑥ 合上断路器开关，红色指示灯亮起，按下启动按钮，机器正常启动。

⑦ 机器启动后先空转 1 min 左右，观察旋转方向是否正确，声音大小，电流高低（空转电流应低于 5 A）。

⑧ 控制好投料速度，投料需均匀，粉碎过程有异常声音（如尖锐刺耳声音），应立即停止。待声音恢复正常后继续启动，在粉碎过程中电流表不得超过 20 A。

⑨ 机器配有热继电器，运行过程负荷过大会自动停机，等机器温度降下后可重新启动，注：重启前先清理掉粉碎腔内物料，然后按启动按钮开启机器。

⑩ 投料结束不要马上停机，让机器运行 2~3 min，待粉碎腔内物料粉碎彻底后关机，取出粉碎样品，清理粉碎腔内残留物。

(5) 注意事项

① 使用前，先检查机器所有紧固件是否拧紧。

② 检查仪器是否完整。

③ 检查机器粉碎腔内有无金属等硬性杂物，否则会打坏刀具，影响机器运转。

④ 物料在粉碎前一定要检查纯度，不允许有金属硬杂物混入，以免打坏刀具或引起燃烧等事故。

⑤ 停机后，如不继续使用，要清除粉碎腔内残留样品。

⑥ 定期检查刀具同筛网是否损坏，如有损坏，应立即更换。

2.6.4.19 样品研磨机

(1) 参考品牌型号

低温冷冻研磨机，型号：YM-48LD。

(2) 主要参数

① 粉碎原理及方式：垂直方向振动产生的撞击力，摩擦力；湿磨，干

磨，超低温研磨都可。

②样品特征：硬的，中硬性，软性的，脆性的，弹性的，含纤维的。

③液晶显示：七寸触摸屏显示，可以方便直观的操作。

④振动频率设置：0~70 Hz，0~2 100 R/M 可根据要求定做。

⑤数据储存：可存储三十六组实验数据，根据不同实验样本，设置有动物组织、骨骼、皮肤、毛发模式。

⑥模式循环：根据设置的实验参数，可在几个设置好的参数间不断循环，进一步减少人为因数的干扰。

⑦制冷功能：有，-55℃至室温可调、德国进口压缩机（思科普）品牌。

⑧控温精度：+0.5℃。

⑨处理样本量：48×（0.2~0.5 mL）/48×2 mL/24×2 mL/16×5 mL/12×5 mL/8×15 mL/4×25 mL/2×50 mL 可任选两种适配器。

⑩研磨罐材质：硬质刚，不锈钢，碳化钨，玛瑙，氧化锆，聚四氟乙烯（PTFE）铝合金，可适用于任何材质的样品（可定制）。

⑪研磨球材质/直径：硬质刚，不锈钢，碳化钨，玛瑙，氧化锆，铬钢，氧化锆，石英砂/0.1~30 mm 根据实验需求。

⑫研磨平台数：可接纳研磨罐数>2。

⑬进出料尺寸：进料尺寸无要求，根据研磨罐调节；出料粒度小于5 μm。

⑭夹具行程：34 mm（垂直）。

⑮粉碎时间设定：0 s~9 999 min，用户可自行设定。

⑯典型粉碎时间：15 s~2 min。

⑰加速/减速：在2 s内达到高速度/在2 s内达到低速度。

⑱噪音等级：<50 db。

⑲外形尺寸：740 mm×440 mm×500 mm。

⑳开盖运行保护：开盖自动停止运行工作。

㉑安全装置：工作时有安全锁，全程保护。

㉒防护类型：IP 30。

㉓电源功率：220 V/50 Hz；总功率：1 000 W。

（3）用途

用于样本的粉碎、混合、均化以及细胞破碎等。

(4) 使用方法

① 将简单处理的组织样品和适量研磨球放入离心管中,然后将装好样品的离心管放入研磨适配器中。

② 如果样品需要低温研磨,可先将装有样品的适配器放入液氮罐中冷冻降温,几分钟后取出。

③ 将冷冻后的研磨适配器放在夹具中间,调整位置后利用自动中心定位的紧固装置和安全锁紧装置进行固定。

④ 盖上设备仓盖,通过液晶触摸屏设置振动频率、振动时间。

⑤ 启动设备,开始对样品进行破碎研磨,可从观察窗观察研磨平台运行情况。

⑥ 等待研磨完成,打开仓盖,取出样品,关闭设备。

(5) 注意事项

① 仪器应该放置在干燥通风的环境中。

② 使用液氮时应做好防护措施,防止冻伤。

③ 研磨前必须固定好夹具和适配器,旋紧垂直定位旋钮,将安全锁归位。

2.6.4.20 SBA 生物传感分析仪

(1) 参考品牌型号

SBA-40E(图2-44)。

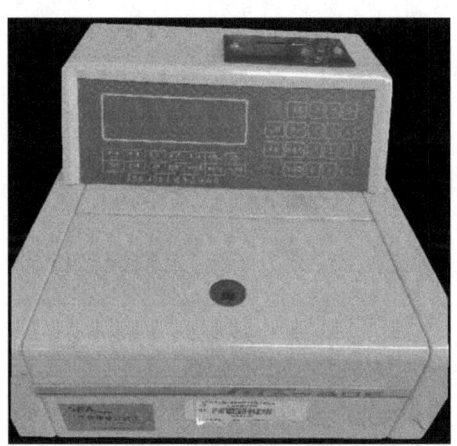

图 2-44 SBA 生物传感分析仪(型号:SBA-40E)

(2) 主要参数

① 测定范围：葡萄糖 0~100 mg/dl，谷氨酸 0~100 mg/dl，乳酸 0~50 mg/dl，赖氨酸 0~100 mg/dl，乙醇 0~100 mg/dl，血糖 0~100 mg/dl，血乳酸 0~100 mg/dl。

② 样品种类：发酵液，组织提取液，离子交换洗脱液，水解液，水解糖，全血，血清，脑脊液等溶液，或测试目的指标可溶产品。

③ 测定时间：20 s。

④ 清洗时间：25 s。

⑤ 测定周期：≤1 min。

⑥ 分辨率：0.1 mg/dl 或 0.1 mM。

⑦ 进样量：25 μL。

⑧ 测定精度：1%~2%。

⑨ 快捷控制：0~9 等数字键快捷控制仪器"清洗""打印""排空""自动零点"等功能。

⑩ 显示：液晶屏显示。

⑪ 环境要求：15~35 ℃，相对湿度低于 90%。

⑫ 主机尺寸：320 mm×350 mm×240 mm（L×W×H）。

⑬ 重量：8 kg。

⑭ 电源：220 V±10%，50 Hz。

⑮ 其他：仪器待机时，屏幕显示仪器厂家，每隔 3 h 自动对反应池换液一次。

⑯ 附件：全套操作工具，试剂盒。

(3) 用途

快速检测葡萄糖、乳酸和谷氨酸等底物。

(4) 使用方法

① 安装酶膜：根据操作说明步骤装上酶膜，以葡萄糖膜装于右电极为例。

② 开机：按"开关"键开机，仪器自动按程序运行，后"进样"绿灯闪亮，仪器稳于自动零点（−2~2）。

③ 仪器设置：依次按键"分析-0-1-输入"，关闭左电极。依次按键"功能-2-100-输入"，将右电极标准设为 100（跟标准液浓度相同）。

④ 定标：吸取 25 μL 标准样品注入进样口。20 s 后，屏幕显示结果、自动清洗反应池。直到"进样"灯再闪亮，再进样。重复 3~4 次，"进样"

灯不闪烁,定标完成,之后测样即可。

⑤ 待测样品稀释至适当的倍数,在"进样"灯亮时,与定标操作相同,进样(25 μL)测定。屏幕显示数值即样品稀释后的含量,单位为 mg/100 m。

⑥ 同一样品测定 2 次,计算平均值即可。

(5) 注意事项

① 防止酶活性太低或无活性,测定时,确认标准液不要拿错,确保进样针吸入样品,样品 pH 值调节到 5~6 之间,酶膜片安装后要与电极表面紧贴,酶膜与电极之间确保加入缓冲液,确保酶膜安装方向正确,不要用失活的酶膜。

② 防止出现定标不准,测定不稳定,自动定标多次不能通过,检查搅拌子有无卡顿,检查反应池、泵管和进样针针头有无漏液,酶膜与电极是否接触不良,缓冲液与室温差别需要在 15℃ 以下,反应池不要有气泡,反应池和缓冲液管道不要长菌体,确保电源周围没有强电干扰,电流电极稳定。

③ 防止测定样品结果不准确,线性校正时,按提示注入正确的标养,不可测定对传感器有强干扰的样品。

2.6.4.21 PCR 仪

(1) 参考品牌型号

耶拿,梯度 PCR 仪(图 2-45)

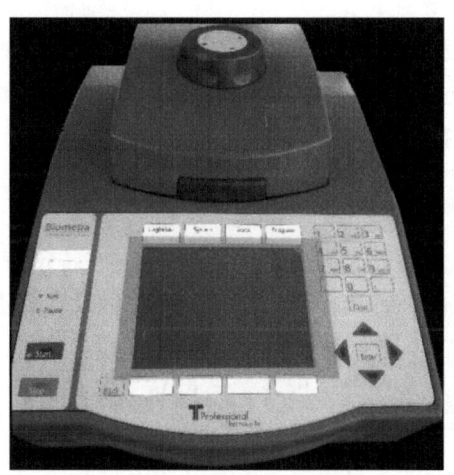

图 2-45 梯度 PCR 仪

（2）主要参数

① 材质：高品质的镀金纯银样品槽，Peltier 加热控温。

② 样品通量：96 孔。

③ 升温速率：大 6℃/s。

④ 降温速率：大 4.5℃/s。

⑤ 温控准确性：±0.1℃。

⑥ 温度均一性：±0.1℃。

⑦ 温度梯度范围：40℃，12 列单独设置。

⑧ 温度梯度设置模式：线性温度梯度、随机温度梯度。

⑨ 热盖：深凹设计的高性能智能热盖（HPSL），能将接触压力自动调整至最佳，有效防止样品蒸发。

⑩ 适用耗材：适用所有 96 孔 PCR 板，不仅适用于常规的标准化 96 孔板、8 联管或 0.2 mL PCR 单管，还可适用于边缘突起的特殊 96 孔板。

⑪ 用户操作界面：1/4 VGA 显示屏，分辨率 320×240。

⑫ 软件：具有断电自动重启功能，通过表格或者图形实时显示 PCR 运行进程，各列的梯度温度直接显示，可快速启动最近使用的 5 个程序，可设立 30 个用户管理账户，可设置密码，可通过计算机软件系统同时控制 5 台 PCR 仪。

⑬ 常规指标：13 kg，280 mm×240 mm×380 mm（W×H×D）。

（3）用途

通过荧光染料或荧光标记的特异性的探针，对 PCR 产物进行标记跟踪，实时在线监控反应过程，结合相应的软件系统可以对产物进行分析，计算待测样品模板的初始浓度。

（4）使用方法

① 开机。

② 仪器启动后自动进入主页面，依次点击"Log in，Program"。

③ 打开任一文件夹，选择任一显示 free 的目录，点击 Enter 进入程序编辑页面。

④ 程序编辑好后，点击"Save /Save As"保存，并进行程序命名，点击"OK"完成程序的编写。

⑤ 选定试验的程序，点击"Start"开始运行。

（5）注意事项

① 避免腐蚀性液体接触样品槽，引起样品加热不均匀。

② 避免PCR仪与冰箱等大功率仪器共用一个电源接口,大功率仪器的电流波动会导致PCR仪的运行不稳定,甚至重启。定量PCR仪会影响收到的荧光信号强度,造成扩增曲线的波动。

③ 仪器在运行过程中,禁止强行切断电源来结束程序(突遇停电等意外除外),因电源切断后,风扇强制停止,导致仪器内部元器件散热不顺畅,影响元器件使用寿命。

④ 避免将仪器放置在阳光直晒的地方使用,会影响仪器性能和使用寿命。

⑤ 如发现仪器降温速度明显低于正常状态,仪器发烫,或温度下降达不到设定的温度,请检查进风口和出风口是否有异物堵塞。

⑥ 若采用PCR单管做实验而且样品量比较少时,为保证热盖平整压在所有样品管上,建议在样品槽4个角放置4个同类型的空管。

2.6.4.22 恒温水浴锅

(1) 参考品牌型号

上海新苗,型号:HH·S21-6S(图2-46)。

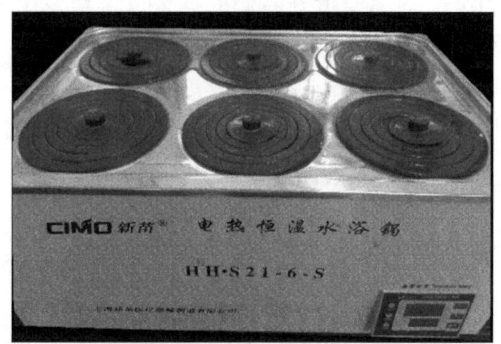

图2-46 恒温水浴锅(型号:HH·S21-6S)

(2) 主要参数

① 加热方式:封闭式电加热器。

② 控温范围:室温+5~100℃。

③ 温度分辨率:0.1℃。

④ 恒温波动度:±0.5℃。

⑤ 工作时间:连续或0~9 999 min定时。

⑥ 功率:1 500 W。

⑦ 工作电源：AC 220 V 50 Hz。

⑧ 工作室尺寸（mm）：470×305×140。

⑨ 外形尺寸（mm）：510×345×220。

（3）用途

用于实验中的蒸馏、干燥、浓缩及温渍化学药品或生物制品，也可用于恒温加热和其他温度试验。

（4）使用方法

① 使用时必须加入温水，可以缩短加热时间，节约用电。

② 打开电源开关，电源指示灯亮则表示电源接通。

③ 将仪表设定到所需温度，加热指示灯亮表示电热管的电源接通开始加热，当温度表上的温度到达指定温度时，等待几分钟，就会自动控制恒温状态。

（5）注意事项

① 水浴箱外壳必须配有接地线。

② 在未加水之前，不要打开电源，以防止电热管的热丝烧毁。

③ 在不必要的情况下不要拆开右侧的插板以避免发生安全事故。

2.6.4.23 磁力搅拌器

（1）参考品牌型号

79-1型磁力加热搅拌器（图2-47）。

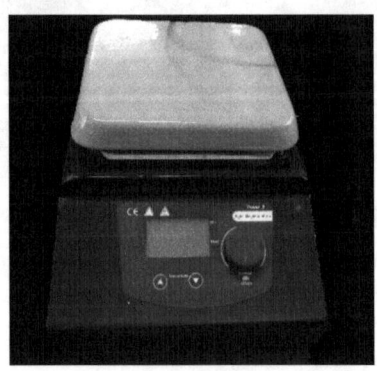

图2-47 79-1型磁力加热搅拌器

（2）主要参数

① 工作表面：Φ120 mm。

② 工作电源：220 V 50 Hz。

③ 外形尺寸（mm）：290×170×110。
④ 最大搅拌量（mL）：1 000。
⑤ 调速范围：0~2 000 r/min。
⑥ 加热功率：200 W。

（3）用途

用于搅拌或同时加热搅拌低黏稠度的液体或固液混合物。

（4）使用方法

① 插上电源，将盛有溶液的器皿放于底盘中部，并把搅拌子沉入器皿底部。

② 开启电源，指示灯亮，沿顺时针调节调速旋钮，速度由慢至快，调至所需速度，搅拌子旋转带动溶液进行搅拌操作。

③ 需恒温加热时，将温度测量探头插入溶液中，并将插头插入搅拌器座上（对应于水浴集热式磁力搅拌器而言，因其温度测量探头是集成水浴锅内部，无此步骤），调节温度旋钮至所需温度。

④ 若不需加热，只要把温度调节旋钮调至室温以下即可。

⑤ 需进行定时操作时，将定时开关顺时针旋至所需的时间位上，此时电源灯亮，仪器开始工作，当定时开关自动转到起始位时，搅拌自动停止（此步仅针对有此定时功能的机型而言）。

⑥ 使用完毕后关闭电源开关，将反应装置拆卸，并拔掉磁力搅拌器电源插头。

（5）注意事项

① 根据应用场合选择合适的磁力搅拌器。

② 第1次使用时，先对照仪器说明书检查仪器所带配件是否齐全，例如搅拌子、电源线等。

③ 使用时已经配备仪器接地装置。

④ 往容器中盛放溶液时，请勿过满，必留下足够的空间，以免搅拌过程中溶液溢洒出来腐蚀磁盘及机体。

⑤ 调速时应由低速逐步调至高速，不要从高速档直接起动，以免搅拌子不同步，引起跳动。

⑥ 中速运转可延长搅拌器的使用寿命。

⑦ 搅拌时如果发现搅拌子跳动或不搅拌，请检查一下烧杯是否平稳，放置位置是否平正，转速是否合适。

⑧ 转动定时开关时不应过快过猛，以免发生损坏（仅对有定时功能的

机型而言）。

⑨ 温度测量探头放入溶液中高度应合适，不能使搅拌子碰撞探头，以防损坏探头（如果用水浴集热式磁力搅拌器而言，因其温度测量探头是集成水浴锅内部，无此限制）。

⑩ 普通的加热式磁力搅拌器，不搅拌时不能进行加热，70℃以上连续加热不得超过2 h（水浴集热式磁力搅拌器无此限制）。

⑪ 仪器应保持清洁干燥，尤其不要使溶液进入机内，使用完毕，应将温度测量探头、搅拌子等清洗干净，磁盘表面要用干净的擦拭布清洁。

2.7 产品质量标准

发酵花生粕饲料主要技术指标表是国内某公司的产品技术指标，具体实践中不同厂家根据生产实际和市场客户需求会有所差异。详见表2-16。

表2-16 发酵花生粕饲料主要技术指标表

项目	指标
粗蛋白质（%）≥	50
粗纤维（%）≤	6
水分（%）≤	12
粗灰分（%）≤	7
肽含量（%）≥	5
总酸（以乳酸计,%）≥	3
有益菌数量（cfu/g）≥	10^8
霉菌总数（cfu/g）≤	100

2.8 主要检测分析方法

2.8.1 饲料中粗蛋白质的测定（参考GB/T 6432—2018，饲料中粗蛋白质的测定 凯氏定氮法[171]）

2.8.1.1 原理

饲料中粗蛋白质的测定采用凯氏定氮法，试样在催化作用下，经硫酸消解，含氮化合物转化成硫酸铵，加碱蒸馏使氨逸出，用硼酸吸收后，再用盐酸标准滴定溶液滴定，测出氮含量，乘以 6.25，计算出蛋白质含量。

2.8.1.2 试剂或材料

除非另有说明，仅用分析纯试剂。

① 水：GB/T 6682，三级。

② 硼酸：化学纯。

③ 氢氧化钠：化学纯。

④ 硫酸：化学纯。

⑤ 硫酸铵。

⑥ 蔗糖。

⑦ 混合催化剂：称取 0.4 g 五水硫酸铜、6.0 g 硫酸钾或硫酸钠，研磨混匀；或购买商品化的凯氏定氮催化剂片。

⑧ 硼酸吸收液Ⅰ：称取 20 g 硼酸，用水溶解并稀释至 1 000 mL。

⑨ 硼酸吸收液Ⅱ：1%硼酸水溶液 1 000 mL，加入 0.1%溴甲酚绿乙醇溶液 10 mL，0.1%甲基红乙醇溶液 7 mL，4%氢氧化钠水溶液 0.5 mL，混匀，室温保存期为 1 个月（全自动程序用）。

⑩ 氢氧化钠溶液：称取 40 g 氢氧化钠，用水溶解，待冷却至室温后，用水稀释至 100 mL。

⑪ 盐酸标准滴定溶液：c（HCl）= 0.1 mol/L 或 0.02 mol/L，按 GB/T601 配制和标定。

⑫ 甲基红乙醇溶液：称取 0.1 g 甲基红，用乙醇溶解并稀释至 100 mL。

⑬ 溴甲酚绿乙醇溶液：称取 0.5 g 溴甲酚绿，用乙醇溶解并稀释至 100 mL。

⑭ 混合指示剂溶液：将甲基红乙醇溶液和溴甲酚绿乙醇溶液等体积混合。该溶液室温避光保存，有效期 3 个月。

2.8.1.3 仪器设备

① 分析天平：感量 0.000 1 g。

② 消煮炉或电炉。

③ 凯氏烧瓶：250 mL。

④ 消煮管：250 mL。

⑤ 凯氏蒸馏装置：常量直接蒸馏式或半微量水蒸气蒸馏式。

⑥ 定氮仪：以凯氏原理制造的各类型半自动、全自动定氮仪。

2.8.1.4 样品

按照 GB/T 14699.1 抽取有代表性的饲料样品，用四分法缩减取样。按照 GB/T 20195 制备试样，粉碎，全部通过 0.42 mm 试验筛，混匀，装入密闭容器中备用。

2.8.1.5　试验步骤

（1）半微量法（仲裁法）

① 试样消煮。凯氏烧瓶消煮：平行做两份试验。称取试样 0.5~2 g（含氮量 5~80 mg，准确至 0.000 1 g），置于凯氏烧瓶中，加入 6.4 g 混合催化剂，混匀，加入 12 mL 硫酸和 2 粒玻璃珠，将凯氏烧瓶置于电炉上，开始于约 200℃加热，待试样焦化、泡沫消失后，再提高温度至约 400℃，直至呈透明的蓝绿色，然后继续加热至少 2 h。取出，冷却至室温。

② 消煮管消煮：平行做两份试验。称取试样 0.5~2 g（含氮量 5~80 mg，准确至 0.000 1 g），放入消煮管中，加入 2 片凯氏定氮催化剂片或 6.4 g 混合催化剂，12 mL 硫酸，于 420℃消煮炉上消化 1 h。取出，冷却至室温。

③ 氨的蒸馏。冷却，加入 20 mL 水，转入 100 mL 容量瓶中，冷却后用水稀释至刻度，摇匀，作为试样分解液。将半微量蒸馏装置的冷凝管末端浸入装有 20 mL 硼酸吸收液Ⅰ和 2 滴混合指示剂的锥形瓶中。蒸汽发生器的水中应加入甲基红指示剂（即甲基红乙醇溶液）数滴，硫酸数滴，在蒸馏过程中保持此液为橙红色，否则，需补加硫酸。准确移取试样分解液 10~20 mL 注入蒸馏装置的反应室中，用少量水冲洗进样入口，塞好入口玻璃塞，再加 10 mL 氢氧化钠溶液，小心提起玻璃塞使之流入反应室，将玻璃塞塞好，且在入口处加水密封，防止漏气。蒸馏 4 min 降下锥形瓶使冷凝管末端离开吸收液面，再蒸馏 1 min，至流出液 pH 值为中性。用水冲洗冷凝管末端，洗液均需流入锥形瓶内，然后停止蒸馏。

④ 滴定。将蒸馏后的吸收液立即用 0.1 mol/L 或 0.02 mol/L 盐酸标准滴定溶液滴定，溶液由蓝绿色变成灰红色为滴定终点。

（2）全量法

① 试样消煮。按"半微量法（仲裁法）"中所述试样消煮步骤进行。

② 氨的蒸馏。待试样消煮液冷却，加入 60~100 mL 蒸馏水，摇匀，冷却。将蒸馏装置的冷凝管末端浸入装有 25 mL 硼酸吸收液Ⅰ和 2 滴混合指示剂的锥形瓶中。然后小心地向凯氏烧瓶中加入 50 mL 氢氧化钠溶液，摇匀后加热蒸馏，直至馏出液体积约为 100 mL。降下锥形瓶，使冷凝管末端离开液面，继续蒸馏 1~2 min，至流出液 pH 值为中性。用水冲洗冷凝管末端，洗液均需流入锥形瓶内，然后停止蒸馏。

采用半自动凯氏定氮仪时,将带消煮液的消煮管插在蒸馏装置上,以 25 mL 硼酸吸收液 I 为吸收液,加入 2 滴混合指示剂,蒸馏装置的冷凝管末端要浸入装有吸收液的锥形瓶内,然后向消煮管中加入 50 mL 氢氧化钠溶液进行蒸馏,至流出液 pH 值为中性。蒸馏时间以吸收液体积达到约 100 mL 时为宜。降下锥形瓶,用水冲洗冷凝管末端,洗液均需流入锥形瓶内。

采用全自动凯氏定氮仪时,按仪器操作说明书进行测定。

③ 滴定。用 0.1 mol/L 盐酸标准滴定溶液滴定吸收液,溶液由蓝绿色变成灰红色为终点。

(3) 蒸馏步骤查验

精确称取 0.2 g 硫酸铵(精确至 0.000 1 g),代替试样,按 7.1 或 7.2 步骤进行操作,测得硫酸铵含氮量应为 (21.19±0.2)%,否则,应检查加碱、蒸馏和滴定各步骤是否正确。

(4) 空白测定

精确称取 0.5 g 蔗糖(精确至 0.000 1 g),代替试样,按 7.1 或 7.2 进行空白测定,消耗 0.1 mol/L 盐酸标准滴定溶液的体积不得超过 0.2 mL,消耗 0.02 mo/L 盐酸标准滴定溶液体积不得超过 0.3 mL。

2.8.1.6 试验数据处理

试样中粗蛋白质含量以质量分数 w 计,数值以质量分数(%)表示,按公式(1)计算。

$$w = \frac{(V_2 - V_1) \times c \times 0.014 \times 6.25}{m \times \frac{V'}{V}} \times 100 \qquad (1)$$

式中:

V_2——滴定试样所消耗盐酸标准滴定溶液的体积,单位为毫升(mL);

V_1——滴定空白所消耗盐酸标准滴定溶液的体积,单位为毫升(mL);

c——盐酸标准滴定溶液的浓度,单位为摩尔每升(mol/L);

m——试样质量,单位为克(g);

V——试样消煮液总体积,单位为毫升(mL);

V'——蒸馏用消煮液体积,单位为毫升(mL);

6.25——氮换算成粗蛋白质的平均系数。

每个试样取两个平行样进行测定,以其算术平均值为测定结果,计算结果数值至小数点后两位。

2.8.2 饲料中粗纤维的含量测定（参考 GB/T 6434—2006，饲料中粗纤维的含量测定过滤法[172]）

2.8.2.1 原理

采用过滤法测定饲料中粗纤维的含量，用固定量的酸和碱，在特定条件下消煮样品，再用醚、丙酮除去醚溶物，经高温灼烧扣除矿物质的量，所余量称为粗纤维。（试样用沸腾的稀释硫酸处理，过滤分离残渣，洗涤，然后用沸腾的氢氧化钾溶液处理，过滤分离残渣，洗涤，干燥，称量，然后灰化。因灰化而失去的质量相当于试料中粗纤维质量。）它不是一个确切的化学实体，只是在公认强制规定的条件下，测出的粗略养分。其中，以纤维素为主，还有少量半纤维素和木质素。

2.8.2.2 试剂和材料

除非另有规定，只用分析纯试剂。

① 水至少应为 GB/T 6682 规定的三级水。

② 盐酸溶液：c（HCl）= 0.5 mol/L。

③ 硫酸溶液：c（H_2SO_4）=（0.13±0.005）mol/L。

④ 氢氧化钾溶液：c（KOH）=（0.23±0.005）mol/L。

⑤ 丙酮。

⑥ 滤器辅料：海沙，或硅藻土，或质量相当的其他材料。使用前，海沙用沸腾盐酸 [c（HCl）= 4 mol/L] 处理，用水洗至中性，在 500±25℃ 下至少加热 1 h。

⑦ 防泡剂：如正辛醇。

⑧ 石油醚：沸点范围 40~60℃。

2.8.2.3 仪器设备

实验室常用设备，特别是下列各件。

① 粉碎设备：能将样品粉碎，使其能完全通过筛孔为 1 mm 的筛。

② 分析天平：感量 0.1 mg。

③ 滤埚：石英的、陶瓷的或硬质玻璃的，带有烧结的滤板，滤板孔径 40~100 μm。

在初次使用前，将新滤埚小心地逐步加温，温度不超过 525℃，并在 500±25℃ 下保持数分钟。也可使用具有同样性能特性的不锈钢坩埚，其不锈钢筛板的孔径为 90 μm。

④ 陶瓷筛板。

⑤ 灰化皿。

⑥ 烧杯或锥形瓶：容量 500 mL，带有一个适当的冷却装置，如冷凝器或一个盘。

⑦ 干燥箱：用电加热，能通风，能保持温度 130±2℃。

⑧ 干燥器：盛有蓝色硅胶干燥剂，内有厚度为 2~3 mm 的多孔板，最好由铝或不锈钢制成。

⑨ 马弗炉：用电加热，可以通风，温度可调控，在 475~525℃ 条件下，保持滤埚周围温度调至 ±25℃。马弗炉的高温表读数不总是可信的，可能发生误差，因此，对高温炉中的温度要定期检查。

因高温炉的大小及类型不同，炉内不同位置的温度可能不同。当炉门关闭时，必须有充足的空气供应。空气体积流速不宜过大，以免带走滤埚中物质。

⑩ 冷提取装置，附有 1 个滤埚支架；1 个装有至真空和液体排出孔旋塞的排放管；连接滤埚的连接环。

⑪ 加热装置（手工操作方法）：带有一个适当的冷却装置，在沸腾时能保持体积恒定。

⑫ 加热装置（半自动操作方法）：用于酸和碱消煮，附有 1 个滤埚支架；1 个装有至真空和液体排出孔旋塞的排放管；1 个容积至少 270 mL 的圆筒，供消煮用，带有回流冷凝器；将加热装置与滤埚及消煮圆筒连接的连接环；可选择性地提供压缩空气；使用前，设备用沸水预热 5 min。

2.8.2.4 采样

采样按 GB/T 14699.1（ISO6497：2002，IDT）进行。

重要的是实验室收到一份真正有代表性的样品并在运输及保存过程中不受到破坏或不发生变化。

2.8.2.5 试样制备

试样按 GB/T 20195 制备。用粉碎装置在实验室风干样粉碎，使其能完全通过筛孔为 1 mm 的筛，充分混合。

2.8.2.6 手工操作法分析步骤

（1）试料

称取约 1 g 制备的试样（m_1），准确至 0.1 mg。如果试样脂肪含量超过 100 g/kg，或试样中脂肪不能用石油醚直接提取，则将试样装移至滤埚，并按下面的"（2）预先脱脂"步骤处理。

如果试样脂肪含量不超过 100 g/kg，则将试样装移至一烧杯。如果其碳酸盐（碳酸钙形式）超过 50 g/kg，按下面的"（3）除去碳酸盐"步骤处理；如果碳酸盐不超过 50 g/kg，则按下面的"（4）酸消煮"步骤处理。

（2）预先脱脂

在冷提取装置中，在真空条件下，试样用石油醚脱脂 3 次，每次用石油醚 30 mL，每次洗涤后抽吸干燥残渣，将残渣装移至一个烧杯内。

（3）除去碳酸盐

将 100 mL 盐酸溶液倾注在试样上，连续振摇 5 min，小心将此混合物倾入一滤埚，滤埚底部覆盖薄层滤器辅料。

用水洗涤 2 次，每次用水 100 mL，细心操作最终使尽可能少的物质留在滤器上。

将滤埚内容物转移至原来的烧杯中并按下一步骤处理。

（4）酸消煮

将 150 mL 硫酸（5.3）倾注在试样上。尽快使其沸腾，并保持沸腾状态 30±1 min。

在沸腾开始时，转动烧杯一段时间。如果产生泡沫，则加数滴防泡剂。在沸腾期间使用一个适当的冷却装置保持体积恒定。

（5）第一次过滤

在滤埚中铺一层滤器辅料，其厚度约为滤埚高度的 1/5，滤器辅料上面可盖一筛板以防溅起。

当消煮结束时，将液体通过一个搅拌棒滤至滤埚中，用弱真空抽滤，使 150 mL 几乎全部通过。如果滤器堵塞，则用一个搅拌棒小心地移去覆盖在滤器辅料上的粗纤维。

残渣用热水洗涤 5 次，每次约用 10 mL 水，要注意使滤埚的过滤板始终有滤器辅料覆盖，使粗纤维不接触滤板。

停止抽真空，加一定体积的丙酮，刚好能覆盖残渣，静置数分钟后，慢慢抽滤排出丙酮，继续抽真空，使空气通过残渣，使之干燥。

（6）脱脂

在冷提取装置中，在真空条件下，试样用石油醚脱脂 3 次，每次用石油醚 30 mL，每次洗涤后抽吸干燥。

（7）碱消煮

将残渣定量转移至酸消煮用的同一烧杯中。加 150 mL 氢氧化钾溶液，尽快使其沸腾，保持沸腾状态 30±1 min，在沸腾期间用一适当的冷却装置使溶液体积保持恒定。

(8) 第二次过滤

烧杯内容物通过滤埚过滤,滤埚内铺有一层滤器辅料,其厚度约为滤埚高度的1/5,上盖一筛板以防溅起。

残渣用热水洗至中性。

残渣在真空条件下用丙酮洗涤3次,每次用丙酮30 mL,每次洗涤后抽吸干燥残渣。

(9) 干燥

将滤埚置于灰化皿中,灰化皿及其内容物在130℃干燥箱中至少干燥2 h。

在灰化或冷却过程中,滤埚的烧结滤板可能有些部分变得松散,从而可能导致分析结果错误,因此,将滤埚置于灰化皿中。

滤埚和灰化皿在干燥器中冷却,从干燥器中取出后,立即对滤埚和灰化皿进行称量(m_2),精确至0.1 mg。

(10) 灰化

将滤埚和灰化皿置于马弗炉中,其内容物在500±25℃下灰化,直至冷却后,连续两次称量的差值不超过2 mg。

每次灰化后,让滤埚和灰化皿初步冷却,在尚温热时置于干燥器中,使其完全冷却,然后称量(m_3),准确至0.1 mg。

(11) 空白测定

用大约相同数量的滤器辅料,按同样方法进行空白测定,但不加试样。

灰化引起的质量损失不应超过2 mg。

2.8.2.7 半自动检测方法的分析步骤

(1) 试料

称取约1 g制备的试样(m_1),精确至0.1 mg,转移至一带有约2 g滤器辅料的滤埚中。

如果样品脂肪含量超过100 g/kg,或样品所含脂肪不能用石油醚直接提取,则按下面的"(2) 预先脱脂"步骤进行。

如果样品脂肪含量不超过100 g/kg,其碳酸盐(碳酸钙形式)含量超过50 g/kg,按下面的"(3) 除去碳酸盐"步骤进行,如果碳酸盐不超过50 g/kg,则按下面的"(4) 酸消煮"步骤进行。

(2) 预先脱脂

将滤埚与冷提取装置连接,试样在真空条件下用石油醚洗涤3次,每次用石油醚30 mL,每次洗涤后抽吸干燥残渣。

(3) 除去碳酸盐

将滤埚与半自动加热装置连接，试样用盐酸（0.5 mL/L）洗涤3次，每次用盐酸30 mL，在每次加盐酸后在过滤之前停留约1 min。

用30 mL水洗涤一次，按（4）步骤进行。

(4) 酸消煮

将消煮圆筒与滤埚连接，将150 mL沸硫酸转移至带有滤埚的圆筒中，如果出现泡沫，则加数滴防泡剂，使硫酸尽快沸腾，并保持剧烈沸腾30±1 min。

(5) 第一次过滤

停止加热，打开排放管旋塞，在真空条件下通过滤埚将硫酸滤出，残渣用热水至少洗涤3次，每次用水30 mL，洗涤至中性，每次洗涤后抽吸干燥残渣。

如果过滤发生问题，建议小心吹气排出滤器堵塞。

如果样品所含脂肪不能直接用石油醚提取，按"（6）脱脂"进行；否则，按"（7）碱消煮"进行。

(6) 脱脂

将滤埚与冷提取装置连接，残渣在真空条件下用丙酮洗涤3次，每次用丙酮30 mL。然后，残渣在真空条件下用石油醚洗涤3次，每次用石油醚30 mL。每次洗涤后抽吸干燥残渣。

(7) 碱消煮

关闭排出孔旋塞，将150 mL沸腾的氢氧化钾溶液转移至带有滤埚的圆筒，加数滴防泡剂，使溶液尽快沸腾，并保持剧烈沸腾30±1 min。

(8) 第二次过滤

停止加热，打开排放管旋塞，在真空条件下通过滤埚将氢氧化钾溶液滤去，用热水至少洗涤3次，每次用水约30 mL，洗至中性，每次洗涤后抽吸干燥残渣。

如果过滤发生问题，建议小心吹气排出滤器堵塞。

将滤埚与冷提取装置连接，残渣在真空条件下用丙酮洗涤3次，每次用丙酮30 mL，每次洗涤后抽吸干燥残渣。

(9) 干燥

将滤埚置于灰化皿中，灰化皿及其内容物在130℃干燥箱中至少干燥2 h。

在灰化或冷却过程中，滤埚的烧结滤板可能有些部分变得松散，从而可能导致分析结果错误,因此,需将滤埚置于灰化皿中。

滤埚和灰化皿在干燥器中冷却,从干燥器中取出后,立即对滤埚和灰化皿进行称量(m_2),精确至 0.1 mg。

(10) 灰化

将滤埚和灰化皿置于马弗炉中,其内容物在 500±25℃下灰化,直至冷却后连续两次称量的差值不超过 2 mg。

每次灰化后,让滤埚和灰化皿初步冷却,在尚温热时置于干燥箱中,使其完全冷却,然后称量(m_3),准确至 0.1 mg。

(11) 空白测定

用大约相同数量的滤器辅料,按同样步骤进行空白测定,但不加试样。灰化引起的质量损失不应超过 2 mg。

2.8.2.8 计算

试样中粗纤维的含量(X)以克每千克(g/kg)表示,按式(2)计算。

$$X = \frac{m_2 - m_3}{m_1} \qquad 式(2)$$

式中:

m_1——试料的质量,单位为克(g);

m_2——灰化皿、滤埚以及在 130℃干燥后获得的残渣的质量,单位为毫克(mg);

m_3——灰化皿、滤埚以及在 500±25℃灰化后获得的残渣的质量,单位为毫克(mg)。

结果四舍五入,精确至 1 g/kg。

注:结果亦可用质量分数(%)表示。

2.8.3 饲料中水分的测定(参考 GB/T 6435—2014,饲料中水分的测定[173])

2.8.3.1 原理

根据样品性质选择特定条件对试样进行干燥,通过试样干燥损失的质量计算水分的含量。

2.8.3.2 仪器和材料

实验室常用及以下仪器、材料。

① 分析天平:感量 1 mg。

② 称量瓶：玻璃称量瓶1：直径50 mm，高30 mm，或能使样品铺开约0.3 g/cm² 规格的其他耐腐蚀金属称量瓶（减压干燥法须耐负压的材质）。玻璃称量瓶2：直径70 mm，高35 mm，或能使样品铺开约0.3 g/cm² 规格的其他耐腐蚀金属称量瓶（减压干燥法须耐负压的材质）。

③ 电热干燥箱：温度可控制在103±2℃。

④ 电热真空干燥箱：温度可控制在80±2℃，真空度可达13 kPa 以下。应备有通入干燥空气导入装置或以氧化钙（CaO）为干燥剂的装置（20个样品需300 g氧化钙）。

⑤ 干燥器：具有干燥剂。

⑥ 砂：经酸洗或市售（试剂）海砂。

2.8.3.3 采样

按 GB/T 14699.1 或相关标准规定的方法采样。

样品应具有代表性，在运输和贮存过程中避免发生损坏和变质。

2.8.3.4 试样制备

按 GB/T 20195 制备试样。

2.8.3.5 分析步骤

（1）直接干燥法

固体样品。将洁净的称量瓶（直径50 mm，高30 mm）放入103±2℃电热干燥箱中，取下称量瓶盖并放在称量瓶的边上。干燥30±1min后盖上称量瓶盖，将称量瓶取出，放在干燥器中冷却至室温。称量其质量（m_1），准确至1 mg。

称取5 g试料（m_2）于称量瓶内，准确至1 mg，并摊平。将称量瓶放入103±2℃电热干燥箱内，取下称量瓶盖并放在称量瓶的边上，建议平均每立方分米干燥箱空间最多放一个称量瓶。

当电热干燥箱温度达103±2℃后，干燥4±0.1 h。盖上称量瓶盖，将称量瓶取出放入干燥器冷却至室温。称量其质量（m_3），准确至1 mg。再于103±2℃电热干燥箱中干燥30±1 min，从中取出，放入干燥器冷却至室温。称量其质量，准确至1 mg。

如果两次称量值的变化小于等于试料质量的0.1%，以第一次称量的质量（m_3）按式（1）计算水分含量；若两次称量值的变化大于试料质量的0.1%，将称量瓶再次放入电热干燥箱中于103±2℃干燥2±0.1 h，移至干燥器中冷却至室温，称量其质量，准确至1 mg。若此次干燥后与第二次称量值的变化小于等于试料质量的0.2%，以第一次称量的质量（m_3）按式

(1) 计算水分含量；大于 0.2%时按本标准后面所述的减压干燥法测定水分。

半固体、液体或含脂肪高的样品。在洁净的称量瓶（直径 70 mm，高 35 mm）内放一薄层砂和一根玻璃棒。将称量瓶放入 103±2℃电热干燥箱内，取下称量瓶盖并放在称量瓶的边上，干燥 30±1 min。盖上称量瓶盖，将称量瓶从电热干燥箱中取出，放在干燥器中冷却至室温。称量其质量（m_1），精确至 1 mg。

称取 10 g 试料（m_2）于称量瓶内，准确至 1 mg。用玻璃棒将试料与砂混匀并摊平，玻璃棒留在称量瓶内。将称量瓶放入电热干燥箱中，取下称量瓶盖并放在称量瓶的边上。建议平均每立方分米干燥箱空间最多放一个称量瓶。

当电热干燥箱温度达 103±2℃后，干燥 4±0.1 h。盖上称量瓶盖，将称量瓶从中取出，放入干燥器冷却至室温。称量其质量（m_3），准确至 1 mg。再于 103±2℃电热干燥箱中干燥 30±1 min，从中取出，放入干燥器冷却至室温。称量其质量，准确至 1 mg。

如果两次称量值的变化小于等于试料质量的 0.1%，以第一次称量的质量（m_3）按式（1）计算水分含量；若两次称量值的变化大于试料质量的 0.1%，将称量瓶再次放入电热干燥箱中于 103±2℃干燥 2±0.1 h，移至干燥器中冷却至室温，称量其质量，准确至 1 mg。若此次干燥后与第二次称量值的变化小于等于试料质量的 0.2%，以第一次称量的质量（m_3）按式（1）计算水分含量；大于 0.2%时按本标准后面所述的减压干燥法测定水分。

(2) 减压干燥法

按"直接干燥法"中所述步骤干燥称量瓶（固体样品所用称量瓶直径 50 mm，高 30 mm；半固体、液体或含脂肪高的样品所用称量瓶直径 70 mm，高 35 mm），称量其质量（m_1），准确至 1 mg。

按"直接干燥法"中所述步骤称取试料（m_2）。将称量瓶放入电热真空干燥箱中，取下称量瓶盖并放在称量瓶的边上，减压至约 13 kPa。通入干燥空气或放置干燥剂。在放置干燥剂的情况下，当达到设定的压力后断开真空泵。在干燥过程中保持所设定的压力。当干燥箱温度达到 80±2℃后，加热 4±0.1 h。干燥箱恢复至常压，盖上称量瓶盖，将称量瓶从干燥箱中取出，放在干燥器中冷却至室温。称量其质量，准确至 1 mg。将试料再次放入电热真空干燥箱中干燥 30±1 min，直至连续两次称量值的变化之差小于试样质量的0.2%,以最后一次干燥称量值(m_3)计算水分的含量。

2.8.3.6 测定结果的计算和表示

(1) 测定结果的计算

试样中水分以质量分数 X 计,数值以%表示,按式(3)计算。

$$X = \frac{m_2 - (m_3 - m_1)}{m_2} \times 100\% \qquad \text{式（3）}$$

式中:

m_1——称量瓶的质量,如使用砂和玻璃棒,也包括砂和玻璃棒,单位为克(g);

m_2——试料的质量,单位为克(g);

m_3——称量瓶和干燥后试料的质量,如使用砂和玻璃棒,也包括砂和玻璃棒,单位为克(g)。

(2) 测定结果的表示

取两次平行测定的算术平均值作为结果。结果精确至0.1%。

直接干燥法:两个平行测定结果,水分含量<15%的样品绝对差值不大于0.2%。水分含量≥15%的样品相对偏差不大于1.0%。

减压干燥法:两个平行测定结果,水分含量的绝对差值不大于0.2%。

2.8.4 饲料中粗灰分的测定（参考 GB T 6438—2007,饲料中粗灰分的测定[174]）

2.8.4.1 原理

试样中的有机质经灼烧分解,对所得的灰分称量。

注:灰分用质量分数表示。

2.8.4.2 仪器和设备

除常用实验室设备外,其他仪器设备如下。

① 分析天平:感量为0.001 g。

② 马弗炉:电加热,可控制温度,带高温计。马弗炉中摆放煅烧盘的地方,在550℃时温差不超过20℃。

③ 干燥箱:温度控制在103±2℃。

④ 电热板或煤气喷灯。

⑤ 煅烧盘:铂或铂合金（如10%铂,90%金）或在实验条件下不受影响的其他物质（如瓷质材料）,最好是表面积约为20 cm^2、高约为2.5 cm的长方形容器,对易于膨胀的碳水化合物样品,灰化盘的表面积约为

30 cm²、高为 3.0 cm 的容器

⑥ 干燥器：盛有有效的干燥剂。

2.8.4.3 采样

重要的是实验室收到一份真正具有代表性的样品，并且在运输及保存过程中不受到破坏或不发生变化。

样品应以不破坏或不改变其组分的方式贮存。

采样按 GB/T 14699.1 执行。

2.8.4.4 分析步骤

（1）试样制备

试样制备按 GB/T 20195 执行。

（2）试验步骤

将煅烧盘放入马弗炉中，于 550℃，灼烧至少 30 min，移入干燥器中冷却至室温，称量，精确至 0.001 g。称取约 5 g 制备好的试样（精确至 0.001 g）于煅烧盘中。

（3）测定

将盛有试样的煅烧盘放在电热板或煤气喷灯上小心加热至试样炭化，转入预先加热到 550℃ 的马弗炉中灼烧 3 h，观察是否有炭粒，如无炭粒，继续于马弗炉中灼烧 1 h，如果有炭粒或怀疑有炭粒，将煅烧盘冷却并用蒸馏水润湿，在（103±2）℃ 的干燥箱中仔细蒸发至干，再将煅烧盘置于马弗炉中灼烧 1 h，于干燥器中取出，冷至室温迅速称量，精确至 0.001 g。

注：由上述步骤得到的粗灰分可用于测定盐酸不溶性灰分（参见 ISO5985）。

对同一试样取两份试料进行平行测定。

2.8.4.5 结果表示

粗灰分 W，用质量分数（%）表示，按式（4）计算。

$$W = \frac{m_2 - m_0}{m_1 - m_0} \times 100 \qquad 式（4）$$

式中：

m_2——灰化后粗灰分加煅烧盘的质量，单位为克（g）；

m_0——为空煅烧盘的质量，单位为克（g）；

m_1——装有试样的煅烧盘质量，单位为克（g）。

取两次测定的算术平均值作为测定结果，结果表示数值精确至 0.1%（质量分数）。

2.8.5 肽含量的测定（参考 GB/T 22492—2008，大豆肽粉[175]）

2.8.5.1 原理

高分子蛋白质在酸性条件下易被沉淀，相对分子质量较小的蛋白质水解物（酸溶蛋白质）可溶于酸性溶液（其中包含肽及游离氨基酸）。样品经酸化后，滤液中的酸溶蛋白质含量减去游离氨基酸含量即为肽含量。

2.8.5.2 试剂

实验用水应符合 GB/T 6682 中二级用水的规格，使用试剂除特殊规定外，均为分析纯。

① 三氯乙酸：150 g/L。
② 硫酸铜（$CuSO_4 \cdot 5H_2O$）。
③ 硫酸钾。
④ 硫酸：密度为 1.841 9 g/L。
⑤ 硼酸溶液：20 g/L。
⑥ 氢氧化钠溶液：400 g/L。
⑦ 盐酸：优级纯。
⑧ 硫酸标准滴定溶液 [c（$1/2H_2SO_4$）= 0.050 0 mol/L] 或盐酸标准滴定溶液 [c（HCl）= 0.050 0 mol/L]。
⑨ 混合指示液：1 份 1 g/L 甲基红乙醇溶液与 5 份 1 g/L 溴甲酚绿乙醇溶液临用时混合。或 2 份 1 g/L 甲基红乙醇溶液与 1 份 1 g/L 亚甲基蓝乙醇溶液临用时混合。
⑩ 混合氨基酸标准液：0.002 5 mol/L。
⑪ pH 值 2.2 的柠檬酸钠缓冲液：称取 19.6 g 柠檬酸钠（$Na_3C_5H_5O_7 \cdot 2H_2O$），加入 16.5 mL 浓盐酸并加水稀释至 1 000 mL，用浓盐酸或 500 g/L 的氢氧化钠溶液调节 pH 值至 2.2。
⑫ pH 值 3.3 的柠檬酸钠缓冲液：称取 19.6 g 柠檬酸钠，加入 12 mL 浓盐酸并加水稀释至 1 000 mL，用浓盐酸或 500 g/L 的氢氧化钠溶液调节 pH 值至 3.3。
⑬ pH 值 4.0 的柠檬酸钠缓冲液：称取 19.6 g 柠檬酸钠，加入 9 mL 浓盐酸并加水稀释至 1 000 mL，用浓盐酸或 500 g/L 的氢氧化钠溶液调节 pH 值至 4.0。
⑭ pH 值 6.4 的柠檬酸钠缓冲液：称取 19.6 g 柠檬酸钠和 46.8 g 氯化钠（优级纯），加水溶解并稀释至 1 000 mL，用浓盐酸或 500 g/L 的氢氧化钠溶

液调节 pH 值至 6.4。

⑮ pH 值 5.2 的乙酸锂溶液：称取氢氧化锂（LiOH·H_2O）168 g，加入冰乙酸（优级纯）279 mL，加水稀释至 1 000 mL，用浓盐酸或 500 g/L 的氢氧化钠溶液调节 pH 值至 5.2。

⑯ 茚三酮溶液：取 150 mL 二甲基亚砜（C_2H_6OS）和 50 mL 乙酸锂溶液，加入 4 g 水合茚三酮（$C_9H_4O_3·H_2O$）和 0.12 g 还原茚三酮（$C_{18}H_{10}O_6·2H_2O$）搅拌至完全溶解。

2.8.5.3 仪器和设备

（1）氨基酸自动分析仪。

（2）定氮蒸馏装置（图 2-48）

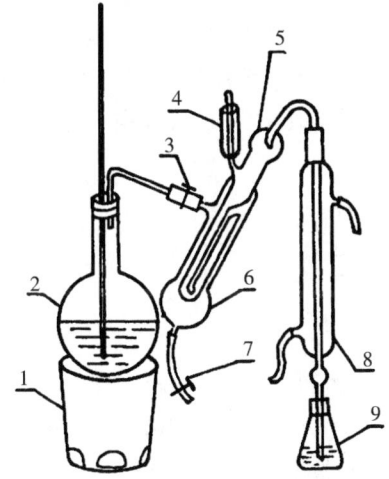

1——电炉；
2——水蒸汽发生器（2 L 平底烧瓶）；
3——螺旋夹；
4——小漏斗及棒状玻塞；
5——反应室；
6——反应室外层；
7——橡皮管及螺旋夹；
8——冷凝管；
9——蒸馏液接收瓶。

图 2-48 定氮蒸馏装置

2.8.5.4 操作步骤

（1）酸溶蛋白质含量的测定

准确称取样品 1.000 g（精确至 0.001 g），加入 15% 三氯乙酸（TCA）溶液溶解并定容至 50 mL，混匀并静置 5 min，过滤，去除初滤液，滤液作为备用液。

吸取 10.00~25.00 mL 滤液，移入干燥的 100 mL 或 500 mL 定氮瓶中，加入 0.2 g 硫酸铜，6 g 硫酸钾及 20 mL 硫酸，稍摇匀后于瓶口放一小漏斗，将瓶以 45°角斜支于有小孔的石棉网上。小心加热，待内容物全部碳化，泡沫完全停止后，加强火力，并保持瓶内液体微沸，至液体呈蓝绿色澄清透明后，再继续加热 0.5~1 h。取下放冷，小心加 20 mL 水。放冷后，移入 100 mL 容量瓶中，并用少量水洗定氮瓶，洗液并入容量瓶中，再加水至刻度，混匀备用。同时做试剂空白试验。

按图 2-48 装好定氮蒸馏装置，于水蒸汽发生瓶内装水至 2/3 处，加入数粒玻璃珠，加甲基红指示液数滴及数毫升硫酸，以保持水呈酸性，用调压器控制，加热煮沸水蒸气发生瓶内的水。

向接收瓶内加入 10 mL 硼酸溶液（20 g/L）及 1~2 滴混合指示液，并使冷凝管的下端插入液面下，准确吸取 10 mL 试样处理液由小漏斗流入反应室，并以 10 mL 水洗涤小烧杯使流入反应室，立即将玻塞盖紧，并加水于小玻杯以防漏气。夹紧螺旋夹，开始蒸馏。蒸馏 5 min。移动接收瓶，使液面离开冷凝管下端，再蒸馏 1 min。然后用少量水冲洗冷凝管下端外部。取下接收瓶，滴加指示剂，以硫酸或盐酸标准滴定溶液（0.05 mol/L）滴定至灰色或蓝紫色为终点。同时准确吸取 10 mL 试剂空白消化液按同样步骤操作。

试样中蛋白质的含量按式（5）进行计算。

$$X_1 = \frac{(V_1 - V_2) \times c \times 0.0140}{m \times 10^{-1}} \times F \times 100 \quad\quad 式（5）$$

式中：

X_1——试样中蛋白质的含量，单位为克每百克（g/100g）；

V_1——试样消耗硫酸或盐酸标准滴定液的体积，单位为毫升（mL）；

V_2——试剂空白消耗硫酸或盐酸标准滴定液的体积，单位为毫升（mL）；

c——硫酸或盐酸标准滴定溶液浓度，单位为摩尔每升（mol/L）；

0.0140——1.0 mL 硫酸 [c（1/2H_2SO_4）= 0.0500mol/L] 或盐酸 [c（HCl）= 0.0500mol/L] 标准滴定溶液相当的氮的质量，单位为克（g）；

m——试样的质量或体积，单位为克或毫升（g 或 mL）；

F——氮换算为蛋白质的系数，取 6.25。

计算结果保留 3 位有效数字。

重复性：在重复操作条件下获得的两次独立测定结果的绝对差值不得超过两次测定结果算术平均值的 10%。

(2) 游离氨基酸含量的测定

准确称取样品（使试样游离氨基酸含量在 10~20 mg 范围内），用 pH 值为 2.2 的缓冲液溶解，定容至 50 mL，供仪器测定用。

准确吸取 0.200 mL 混合氨基酸标准溶液，用 pH 值 2.2 的缓冲液稀释到 5 mL，此标准稀释液浓度为 5.00 nmol/50 μL，作为上机测定用的氨基酸标准，用氨基酸自动分析仪以外标法测定试样测定液的氨基酸含量。

结果按式（6）计算：

$$X_2 = \frac{c \times \frac{1}{50} \times F \times V \times M}{m \times 10^9} \times 100 \qquad 式（6）$$

式中：

X_2——试样氨基酸的含量，单位为克每百克（g/100g）；

c——试样测定液中氨基酸含量，单位为纳摩尔每 50 微升（nmol/50 μL）；

F——试样稀释倍数；

V——试样定容体积，单位为毫升（mL）；

M——氨基酸相对分子质量；

m——试样质量，单位为克（g）；

1/50——折算成每毫升试样测定的氨基酸含量，单位为微摩尔每升（μmol/L）；

10^9——将试样含量由纳克（ng）折算成克（g）的系数。

16 种氨基酸相对分子质量：天冬氨酸 133.1；苏氨酸 119.1；丝氨酸 105.1；谷氨酸 147.1；脯氨酸 115.1；甘氨酸 75.1；丙氨酸 89.1；缬氨酸 117.2；蛋氨酸 149.2；异亮氨酸 131.2；亮氨酸 131.2；酪氨酸 181.2；苯丙氨酸 165.2；组氨酸 155.2；赖氨酸 146.2；精氨酸 174.2。

计算结果表示：试样氨基酸含量在 1.00 g/100g 以下，保留两位有效数字；含量在 1.00 g/100g 以上，保留 3 位有效数字。

精密度：在重复条件下获得的两次独立测定结果的绝对差值不得超过算术平均值的 12%。

氨基酸分析仪得到的色谱图见图 2-49。各种氨基酸的出峰顺序和保留时间见表 2-17。

表2-17 氨基酸出峰顺序和保留时间

出峰顺序		保留时间/min	出峰顺序		保留时间/min
1	天冬氨酸	5.55	9	蛋氨酸	19.63
2	苏氨酸	6.60	10	异亮氨酸	21.24
3	丝氨酸	7.09	11	亮氨酸	22.06
4	谷氨酸	8.72	12	酪氨酸	24.52
5	脯氨酸	9.63	13	苯丙氨酸	25.76
6	甘氨酸	12.24	14	组氨酸	30.41
7	丙氨酸	13.10	15	赖氨酸	32.57
8	缬氨酸	16.65	16	精氨酸	40.75

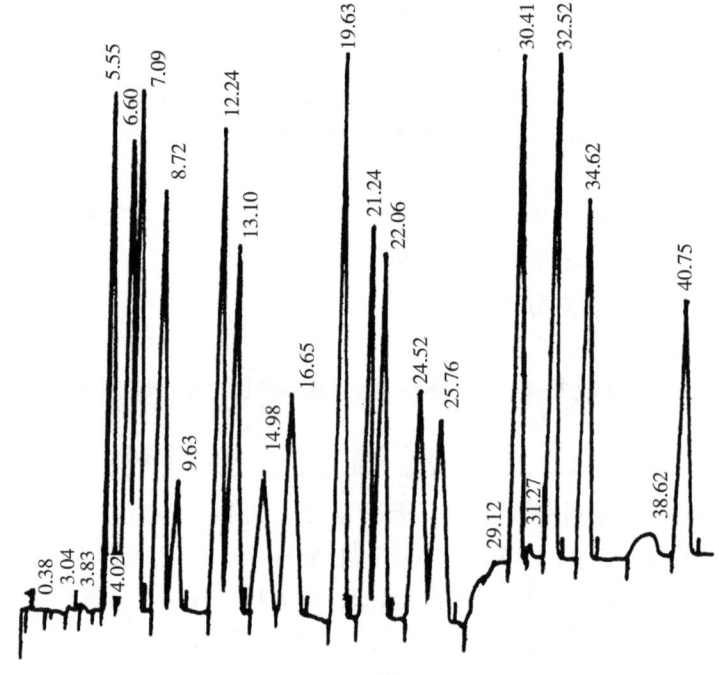

图2-49 氨基酸分析仪色谱

2.8.5.5 结果计算

试样中多肽含量按式（7）计算。

$$X = X_1 - X_2 \qquad 式（7）$$

式中：

X——试样中多肽的含量，单位为克每百克（g/100g）；

X_1——试样中酸溶蛋白质的含量,单位为克每百克(g/100g);
X_2——试样中游离氨基酸的含量,单位为克每百克(g/100g)。

2.8.5.6 重复性

在重复性条件下获得的两次独立测定结果的绝对差值不得超过两次测定结果算术平均值的12%。

2.8.6 总酸含量的测定

2.8.6.1 氢氧化钠标准溶液的配制与标定

(1) 配制

称取4.0 g氢氧化钠于烧杯中,用蒸馏水溶解后稀释至1 L,混匀。

(2) 标定

分别精确称取预先在105℃烘箱烘至恒重的邻苯二甲酸氢钾0.5~0.6 g于2只锥形瓶中,加蒸馏水70 mL溶解,加酚酞指示剂2~3滴,以配好的氢氧化钠溶液滴定,出现粉红色为滴定终点,记下消耗的氢氧化钠溶液体积V(mL)。按式(8)计算氢氧化钠标准溶液的浓度,取两次测定结果的平均值。

$$N=\frac{\dfrac{W}{M}\times 1\,000}{V} \qquad 式(8)$$

式中:
N——氢氧化钠标准溶液的浓度,单位为摩尔每升(mol/L);
W——称取的邻苯二甲酸氢钾质量,g;
M——邻苯二甲酸氢钾分子量,为204.2;
V——消耗的氢氧化钠溶液体积,mL。

2.8.6.2 实验步骤

(1) 试样的预处理

取试样100 mL于250 mL烧杯中,置于40℃振荡水浴中恒温30 min,取出,冷却至室温。

(2) 测定

按仪器使用说明书安装与调试仪器。

用标准缓冲溶液校正自动pH值电位滴定仪。用水清洗电极,并用滤纸吸干附着电极的液珠。

吸取试样50.0 mL于烧杯中,插入电极,开启磁力搅拌器,用氢氧化钠标准滴定溶液滴定至pH值8.2为其终点，记录消耗氢氧化钠标准溶液的体积。

2.8.6.3 计算

试样的总酸含量（即100 mL试样消耗氢氧化钠标准滴定溶液[c（氢氧化钠）= 1.0 mol/L]的mL数），按式（9）计算。

$$X = 2 \times c \times V \qquad 式（9）$$

式中：

X——试样的总酸含量，单位为毫升每毫升（mL/100 mL）；

c——氢氧化钠标准滴定溶液的浓度，单位为摩尔每升（mol/L）；

V——消耗氢氧化钠标准滴定溶液的体积，单位为毫升（mL）；

2——换算成100 mL试样的系数。

所得结果精确至1位小数。

2.8.7 饲料中霉菌总数的测定（参考GB/T 13092—2006，饲料中霉菌总数的测定[176]）

2.8.7.1 原理

根据霉菌生理特性，选择适宜于霉菌生长而不适宜于细菌生长的培养基，采用平皿计数方法，测定霉菌数。

2.8.7.2 设备和材料

① 分析天平：感量0.001 g。

② 恒温培养箱：(25~28) ±1℃。

③ 冰箱：普通冰箱。

④ 高压灭菌器：2.5 kg。

⑤ 水浴锅：(45~77) ±1℃。

⑥ 振荡器：往复式振荡器。

⑦ 微型混合器：2 900 r/min。

⑧ 灭菌玻璃三角瓶：250 mL，500 mL。

⑨ 灭菌试管：15 mm×150 mm。

⑩ 灭菌平皿：直径90 mm。

⑪ 灭菌吸管：1 mL，10 mL。

⑫ 灭菌玻璃珠：直径5 mm。

⑬ 灭菌广口瓶：100 mL，500 mL。

⑭ 灭菌金属勺、刀等。

2.8.7.3 培养基和试剂

除特殊注明，所用试剂均为分析纯；试验用水符合 GB/T 6682—1992 三级水规格。

① 高盐察氏培养基：硝酸钠 2 g、磷酸二氢钾 1 g、硫酸镁（$MgSO_4 \cdot 7H_2O$）0.5 g、氯化钾 0.5 g、硫酸亚铁 0.01 g、氯化钠 60 g、蔗糖 30 g、琼脂 20 g、蒸馏水 1 000 mL，加热溶解，分装后，121℃高压灭菌 30 min。必要时，可酌量增加琼脂。

② 稀释液：称取氯化钠 8.5 g，溶于 1 000 mL 蒸馏水中，分装后，121℃高压灭菌 30 min。

③ 实验室常用消毒药品。

2.8.7.4 测定程序

霉菌测定程序见图 2-50。

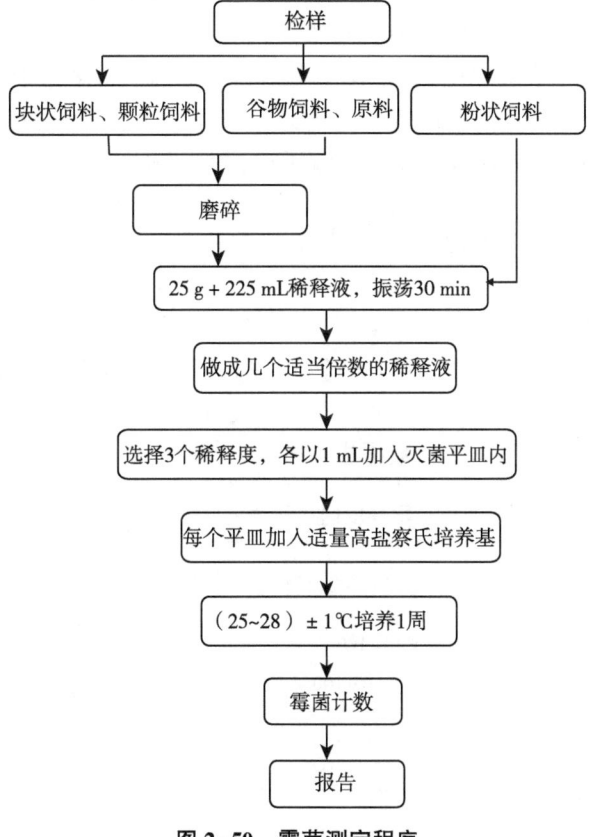

图 2-50 霉菌测定程序

2.8.7.5 试样的制备

按照 GB/T 14699.1 方法进行采样,采样时必须特别注意样品的代表性并避免采样时污染。首先准备好灭菌容器和采样工具,如灭菌牛皮纸袋或广口瓶、金属勺和刀,在卫生学调查基础上,采取有代表性的样品,粉碎过 0.45 mm 孔径筛,用四分法缩减至 250 g。样品应尽快检验,否则,应将样品放在低温干燥处。

2.8.7.6 分析步骤

① 以无菌操作称取检样 25 g(或 25 mL),放入含有 225 mL 灭菌稀释液的玻璃三角瓶中,置振荡器上,振摇 30 min,即为 1:10 的稀释液。

② 用灭菌吸管吸取 1:10 稀释液 10 mL,注入带玻璃珠的试管中,置微型混合器上混合 3 min,或注入试管中,另用带橡皮乳头的 1 mL 灭菌吸管反复吹吸 50 次,使霉菌孢子分散开。

③ 取 1 mL 1:10 稀释液,注入含有 9 mL 灭菌稀释液试管中,另换一支吸管吹吸 5 次,此液为 1:100 稀释液。

④ 按上述操作顺序做 10 倍递增稀释液,每稀释一次,换用一支 1 mL 灭菌吸管,根据对样品污染情况的估计,选择 3 个合适稀释度,分别在做 10 倍稀释的同时,吸取 1 mL 稀释液于灭菌平皿中,每个稀释度做两个平皿,然后将凉至 45℃左右的高盐察氏培养基注入平皿中,充分混合,待琼脂凝固后,倒置于 (25~28)±1℃恒温培养箱中,培养 3 d 后开始观察,应培养观察一周。

2.8.7.7 计算

① 通常选择霉菌数在 10~100 个的平皿进行计数,同稀释度的 2 个平皿的霉菌平均数乘以稀释倍数,即为每克(或每毫升)检样中所含霉菌总数。

② 稀释度选择和霉菌总数报告方式按表 2-18 表示。

表 2-18 稀释度选择和霉菌总数报告方式

例次	稀释液及霉菌数			稀释度选择	两稀释液之比	霉菌总数 [cfu/g(mL)]	报告方式 [cfu/g(mL)]
	10^{-1}	10^{-2}	10^{-3}				
1	多不可计	80	8	选 10~100	—	8 000	$8.0×10^3$
2	多不可计	87	12	均在 10~100 之间比值≤2 取平均数	1.4	10 350	$1.0×10^4$
3	多不可计	95	20	均在 10~100 之间比值>2 取较小数	2.1	9 500	$9.5×10^3$

(续表)

例次	稀释液及霉菌数			稀释度选择	两稀释液之比	霉菌总数 [cfu/g(mL)]	报告方式 [cfu/g(mL)]
	10^{-1}	10^{-2}	10^{-3}				
4	多不可计	多不可计	110	均>100 取稀释度最高的数	-	110 000	$1.1×10^5$
5	9	2	0	均<10 取稀释度最低的数	-	90	90
6	0	0	0	均无菌落生长则以<1乘以最低稀释度	-	<1×10	<10
7	多不可计	102	3	均不在10～100之间取最接近10或100的数	-	10 200	$1.0×10^4$

注：cfu/g 与个/g（mL）相当。

2.8.8 黄曲霉毒素 B_1（AFB_1）含量的测定（参考 GB5009.22—2016，食品安全国家标准 食品中黄曲霉毒素 B 族和 G 族的测定[177]）

2.8.8.1 酶联免疫吸附筛查法

（1）原理

试样中的黄曲霉毒素 B_1 用甲醇水溶液提取，经均质、涡旋、离心（过滤）等处理获取上清液。被辣根过氧化物酶标记或固定在反应孔中的黄曲霉毒素 B_1，与试样上清液或标准品中的黄曲霉毒素 B_1 竞争性结合特异性抗体。在洗涤后加入相应显色剂显色，经无机酸终止反应，于 450 nm 或 630 nm 波长下检测。样品中的黄曲霉毒素 B_1 与吸光度在一定浓度范围内呈反比。

（2）试剂和材料

配制溶液所需试剂均为分析纯，水为 GB/6682 规定二级水。

按照试剂盒说明书所述，配制所需溶液。

所用商品化的试剂盒需验证合格后方可使用。

（3）仪器和设备

① 微孔板酶标仪：带 450 nm 与 630 nm（可选）滤光片。

② 研磨机。

③ 振荡器。

④ 电子天平：感量 0.01 g。

⑤ 离心机：转速≥6 000 r/min。

⑥ 快速定量滤纸：孔径 11 μm。

⑦ 筛网：1~2 mm 孔径。

⑧ 试剂盒所要求的仪器。

（4）分析步骤

① 样品前处理。液态样品（油脂和调味品）。取 100 g 待测样品摇匀，称取 5.0 g 样品于 50 mL 离心管中，加入试剂盒所要求提取液，按照试纸盒说明书所述方法进行检测。固态样品（谷物、坚果和特殊膳食用食品）。称取至少 100 g 样品，用研磨机进行粉碎，粉碎后的样品过 1~2 mm 孔径试验筛。取 5.0 g 样品于 50 mL 离心管中，加入试剂盒所要求提取液，按照试纸盒说明书所述方法进行检测。

② 样品检测。按照酶联免疫试剂盒所述操作步骤对待测试样（液）进行定量检测。

（5）分析结果的表述

① 酶联免疫试剂盒定量检测的标准工作曲线绘制。按照试剂盒说明书提供的计算方法或者计算机软件，根据标准品浓度与吸光度变化关系绘制标准工作曲线。

② 待测液浓度计算。按照试剂盒说明书提供的计算方法以及计算机软件，将待测液吸光度代入标准曲线所获得公式，计算得待测液浓度（ρ）。

③ 结果计算如下。黄曲霉毒素 B_1 的含量按式（10）计算：

$$X = \rho \times V \times \frac{f}{m} \qquad 式（10）$$

式中：

X——试样中 $AFTB_1$ 的含量，单位为微克每千克（μg/kg）；

ρ——待测液中 $AFTB_1$ 的浓度，单位为微克每升（μg/L）；

V——提取液体积（固态样品为加入提取液体积，液态样品为样品和提取液总体积），单位为升（L）；

f——在前处理过程中的稀释倍数；

m——试样的称样量，单位为千克（kg）。

计算结果保留小数点后两位。

（6）精密度

每个试样称取两份进行平行测定，以其算术平均值为分析结果。

其分析结果的相对相差应不大于 20%。

(7) 其他

当称取谷物、坚果、油脂、调味品等样品 5 g 时,方法检出限为 1 μg/kg,定量限为 3 μg/kg。

当称取特殊膳食用食品样品 5 g 时,方法检出限为 0.1 μg/kg,定量限为 0.3 μg/kg。

2.8.8.2 薄层色谱法

(1) 原理

样品经提取、浓缩、薄层分离后,黄曲霉毒素 B_1 在紫外光(波长 365 nm)下产生蓝紫色荧光,根据其在薄层上显示荧光的最低检出量来测定含量。

(2) 试剂和材料

除非另有说明,本方法所用试剂均为分析纯,水为 GB/T 6682 规定的一级水。

① 试剂如下。

甲醇(CH_3OH)。

正己烷(C_6H_{14})。

石油醚(沸程 30~60℃ 或 60~90℃)。

三氯甲烷($CHCl_3$)。

苯(C_6H_6)。

乙腈(CH_3CN)。

无水乙醚(C_2H_6O)。

丙酮(C_3H_6O)。

注:以上试剂在试验时先进行一次试剂空白试验,如不干扰测定即可使用,否则需逐一进行重蒸。

硅胶 G:薄层层析用。

三氟乙酸(CF_3COOH)。

无水硫酸钠(Na_2SO_4)。

氯化钠(NaCl)。

② 试剂配制如下。

苯-乙腈溶液(98+2):取 2 mL 乙腈加入 98 mL 苯中混匀。

甲醇-水溶液(55+45):取 550 mL 甲醇加入 450 mL 水中混匀。

甲醇-三氯甲烷(4+96):取 4 mL 甲醇加入 96 mL 三氯甲烷中混匀。

丙酮-三氯甲烷(8+92):取 8 mL 丙酮加入 92 mL 三氯甲烷中混匀。

次氯酸钠溶液（消毒用）：取 100 g 漂白粉，加入 500 mL 水，搅拌均匀。另将 80 g 工业用碳酸钠（$Na_2CO_3 \cdot 10H_2O$）溶于 500 mL 温水中，再将两液混合、搅拌，澄清后过滤。此滤液含次氯酸浓度约为 25 g/L。若用漂粉精制备，则碳酸钠的量可以加倍。所得溶液的浓度约为 50 g/L。污染的玻璃仪器用 10 g/L 氯酸钠溶液浸泡半天或用 50 g/L 次氯酸钠溶液浸泡片刻后，即可达到去毒效果。

③ 标准品如下。

$AFTB_1$ 标准品（$C_{17}H_{12}O_6$，CAS 号：1162-65-8）：纯度≥98%，或经国家认证并授予标准物质证书的标准物质。

④ 标准溶液配制如下。

$AFTB_1$ 标准储备溶液（10 μg/mL）的配制：准确称取 1~1.2 mg $AFTB_1$ 标准品，先加入 2 mL 乙腈溶解后，再用苯稀释至 100 mL，避光，置于 4℃ 冰箱保存，此溶液浓度约 10 μg/mL。

纯度的测定。取 5 μL 10 μg/mL $AFTB_1$ 标准溶液，滴加于涂层厚度 0.25 mm 的硅胶 G 薄层板上，用甲醇-三氯甲烷与丙酮-三氯甲烷展开剂展开，在紫外光灯下观察荧光的产生，应符合以下条件。在展开后，只有单一的荧光点，无其他杂质荧光点；原点上没有任何残留的荧光物质。

$AFTB_1$ 标准工作液的配制：准确吸取 1 mL 标准储备溶液于 10 mL 容量瓶中，加苯-乙腈混合液至刻度，混匀。此溶液每毫升相当于 1.0 μg $AFTB_1$ 标准储备溶液。吸取 1.0 mL 此稀释液，置于 5 mL 容量瓶中，加苯-乙腈混合液稀释至刻度，此溶液每毫升相当于 0.2 μg $AFTB_1$。再吸取 $AFTB_1$ 标准溶液（0.2 μg/mL）1.0 mL 置于 5 mL 容量瓶中，加苯-乙腈混合液稀释至刻度。此溶液每毫升相当于 0.04 μg $AFTB_1$ 标准储备溶液。

（3）仪器和设备

① 圆孔筛：2.0 mm 筛孔孔径。

② 小型粉碎机。

③ 电动振荡器。

④ 全玻璃浓缩器。

⑤ 玻璃板：5 cm×20 cm。

⑥ 薄层板涂布器（可选购适用黄曲霉毒素检测的商品化薄层板）。

⑦ 展开槽：长 25 cm，宽 6 cm，高 4 cm。

⑧ 紫外光灯：100~125 W，带 365 nm 滤光片。

⑨ 微量注射器或血色素吸管。

(4) 分析步骤

整个操作需在暗室条件下进行。

① 样品提取如下。

第一法：称取 20.00 g 粉碎过筛试样（面粉、花生酱不需粉碎），置于 250 mL 具塞锥形瓶中，加 30 mL 正己烷或石油醚和 100 mL 甲醇水溶液，在瓶塞上涂上一层水，盖严防漏。振荡 30 min，静置片刻，以叠成折叠式的快速定性滤纸过滤于分液漏斗中，待下层甲醇水带被分清后，放出甲醇水溶液于另一具塞锥形瓶内。取 20.00 mL 甲醇水溶液（相当于 4 g 试样）置于另一 125 mL 分液漏斗中，加 20 mL 三氯甲烷，振摇 2 min，静置分层，如出现乳化现象可滴加甲醇促使分层。放出三氯甲烷层，经盛有约 10 g 预先用三氯甲烷湿润的无水硫酸钠的定量慢速滤纸过滤于 50 mL 蒸发皿中，再加 5 mL 三氯甲烷于分液漏斗中，重复振摇提取，三氯甲烷层一并滤于蒸发皿中，最后用少量三氯甲烷洗过滤器，洗液并于蒸发皿中。将蒸发皿放在通风柜于 65℃ 水浴上通风挥干，然后放在冰盒上冷却 2~3 min 后，准确加入 1 mL 苯-乙腈混合液（或将三氯甲烷用浓缩蒸馏器减压吹气蒸干后，准确加入 1 mL 苯-乙腈混合液）。用带橡皮头的滴管的管尖将残渣充分混合，若有苯的结晶析出，将蒸发皿从冰盒上取出，继续溶解、混合，晶体即消失，再用此滴管吸取上清液转移于 2 mL 具塞试管中。

第二法（限于玉米、大米、小麦及其制品）：称取 20.00 g 粉碎过筛试样于 250 mL 具塞锥形瓶中，用滴管滴加约 6 mL 水，使试样湿润，准确加入 60 mL 三氯甲烷，振荡 30 min，加 12 g 无水硫酸钠，振摇后，静置 30 min，用叠成折叠式的快速定性滤纸过滤于 100 mL 具塞锥形瓶中。取 12 mL 滤液（相当 4 g 试样）于蒸发皿中，在 65℃ 水浴锅上通风挥干，准确加入 1 mL 苯-乙腈混合液，用带橡皮头的滴管的管尖将残渣充分混合，若有苯的结晶析出，将蒸发皿从冰盒上取出，继续溶解、混合，晶体即消失，再用此滴管吸取上清液转移于 2 mL 具塞试管中。

② 测定如下。

单向展开法：薄层板的制备。称取约 3 g 硅胶 G，加相当于硅胶量 2~3 倍的水，用力研磨 1~2 min 至成糊状后立即倒于涂布器内，推成 5 cm×20 cm，厚度约 0.25 mm 的薄层板 3 块。在空气中干燥约 15 min 后，在 100℃ 活化 2 h，取出，放干燥器中保存。一般可保存 2~3 d，若放置时间较长，可再活化后使用。

点样。将薄层板边缘附着的吸附剂刮净，在距薄层板下端 3 cm 的基线上用微量注射器或血色素吸管滴加样液。一块板可滴加 4 个点，点距边缘和点间距约为 1cm，点直径约 3 mm。在同一块板上滴加点的大小应一致，滴加时可用吹风机用冷风边吹边加。滴加样式如下：第一点：10 μL AFTB$_1$ 标准工作液（0.04 μg/mL）。第二点：20 μL 样液。第三点：20 μL 样液+10 μL AFTB$_1$ 标准工作液。第四点：20 μL 样液+10 μL AFTB$_1$ 标准工作液。

展开与观察。在展开槽内加 10 mL 无水乙醚，预展 12 cm，取出挥干。再于另一展开槽内加 10 mL 丙酮-三氯甲烷（8+92），展开 10~12 cm，取出。在紫外光下观察结果，方法如下。由于样液点上加滴 AFTB$_1$ 标准工作液，可使 AFTB$_1$ 标准点与样液中的 AFTB$_1$ 荧光点重叠。如样液为阴性，薄层板上的第三点中 AFTB$_1$ 为 0.000 4 μg，可用作检查在样液内 AFTB$_1$ 最低检出量是否正常出现；如为阳性，则起定性作用。薄层板上的第四点中 AFTB$_1$ 为 0.002 μg，主要起定位作用。若第二点在与 AFTB$_1$ 标准点的相应位置上无蓝紫色荧光点，表示试样中 AFTB$_1$ 含量在 5 μg/kg 以下，如在相应位置上有蓝紫色荧光点，则需进行确证试验。

确证试验。为了证实薄层板上样液荧光系由 AFTB$_1$ 产生的，加滴三氟乙酸，产生 AFTB$_1$ 的衍生物，展开后此衍生物的比移值在 0.1 左右。于薄层板左边依次滴加两个点。第一点：0.04 μg/mLAFTB$_1$ 标准工作液 10 μL。第二点：20 μL 样液。于以上两点各加一小滴三氟乙酸盖于其上，反应 5 min 后，用吹风机吹热风 2 min 后，使热风吹到薄层板上的温度不高于 40℃，再于薄层板上滴加以下两个点。第三点：0.04 μg/mLAFTB$_1$ 标准工作液 10 μL。第四点：20 μL 样液。再展开，在紫外光灯下观察样液是否产生与 AFTB$_1$ 标准点相同的衍生物。未加三氟乙酸的三、四两点，可依次作为样液与标准的衍生物空白对照。

稀释定量。样液中的 AFTB$_1$ 荧光点的荧光强度如与 AFTB$_1$ 标准点的最低检出量（0.0004 μg）的荧光强度一致，则试样中 AFTB$_1$ 含量即为 5 μg/kg。如样液中荧光强度比最低检出量强，则根据其强度估计减少滴加微升数或将样液稀释后再滴加不同微升数，直至样液点的荧光强度与最低检出量的荧光强度一致为止。滴加试样如下：第一点：10 μLAFTB$_1$ 标准工作液（0.04 μg/mL）第二点：根据情况滴加 10 μL 样液。第三点：根据情况滴加 15 μL 样液。第四点：根据情况滴加 20 μL 样液。

② 双向展开法。

如用单向展开法展开后，薄层色谱由于杂质干扰掩盖了 AFTB$_1$ 的荧光强度，需采用双向展开法。薄层板先用无水乙醚作横向展开，将干扰的杂质展至样液点的一边而 AFTB$_1$ 不动，然后再用丙酮-三氯甲烷（8+92）作纵向展开，试样在 AFTB$_1$ 相应处的杂质底色大量减少，因而提高了方法灵敏度。如用双向展开中滴加两点法展开仍有杂质干扰时，则可改用滴加一点法。

滴加两点法方法如下。点样。取薄层板 3 块，在距下端 3cm 基线上滴加 AFTB$_1$ 标准使用液与样液。即在 3 块板的距左边缘 0.8~1 cm 处各滴加 10 μL AFTB$_1$ 标准使用液（0.04 μg/mL），在距左边缘 2.8~3 cm 处各滴加 20 μL 样液，然后在第二块板的样液点上加滴 10 μL AFTB$_1$ 标准使用液（0.04 μg/mL），在第三块板的样液点上加滴 10 μL 0.2 μg/mL AFTB$_1$ 标准使用液。

展开。横向展开，在展开槽内的长边置一玻璃支架，加 10 mL 无水乙醇，将上述点好的薄层板靠标准点的长边置于展开槽内展开，展至板端后，取出挥干，或根据情况需要时可再重复展开 1~2 次。纵向展开，挥干的薄层板以丙酮-三氯甲烷（8+92）展开至 10~12 cm 为止。丙酮与三氯甲烷的比例根据不同条件自行调节。

观察及评定结果。在紫外光灯下观察第一、第二板，若第二板的第二点在 AFTB$_1$ 标准点的相应处出现最低检出量，而第一板在与第二板的相同位置上未出现荧光点，则试样中 AFTB$_1$ 含量在 5 μg/kg 以下。若第一板在与第二板的相同位置上出现荧光点，则将第一板与第三板比较，看第三板上第二点与第一板上第二点的相同位置上的荧光点是否与 AFTB$_1$ 标准点重叠，如果重叠，再进行确证试验。在具体测定中，第一、第二、第三板可以同时做，也可按照顺序做。如按顺序做，当在第一板出现阴性时，第三板可以省略，如第一板为阳性，则第二板可以省略，直接做第三板。

确证试验。另取薄层板两块，于第四、第五两板距左边缘 0.8~1 cm 处各滴加 10 μL AFTB$_1$ 标准使用液（0.04 μg/mL）及 1 小滴三氟乙酸；在距左边缘 2.8~3 cm 处，于第四板滴加 20 μL 样液及 1 小滴三氟乙酸，于第五板滴加 20 μL 样液、10 μL AFTB$_1$ 标准使用液（0.04 μg/mL）及 1 小滴三氟乙酸。反应 5min 后，用吹风机吹热风 2 min，使热风吹到薄层极上的温度不高于 40℃。再用双向展开法展开后，观察样液是否产生与 AFTB$_1$ 标准点重叠的衍生物。观察时，可将第一板作为样液的衍生物空白板。如样液 AFTB$_1$ 含量高时，则将样液稀释后做确证试验。

稀释定量。如样液 AFTB$_1$ 含量高时，按前述稀释定量操作。如 AFTB$_1$ 含量低，稀释倍数小，在定量的纵向展开板上仍有杂质干扰，影响结果的判断，可将样液再做双向展开法测定，以确定含量。

滴加一点法如下。点样。取薄层板3块，在距下端3cm上滴加AFTB$_1$标准使用液与样液。即在3块板距左边缘0.8 cm各滴加20 μL样液，在第二板的点上加10 μL AFTB$_1$标准使用液（0.04 μg/mL）。在第三板的点上加滴10 μL AFTB$_1$标准溶液（0.2 μg/mL）。

展开。同前的横向展开与纵向展开。

观察及评定结果。在紫外光灯下观察第一、第二板，如第二板出现最低检出量的黄曲霉霉素B$_1$标准点，而第一板与其相同位置上未出现荧光点，试样中AFTB$_1$含量在5 μg/kg以下。如第一板在与第二板AFTB$_1$相同位置上出现荧光点，则将第一板与第三板比较，看第三板上与第一板相同位置的荧光点是否与AFTB$_1$标准点重叠，如果重叠再进行以下确证试验。

确证试验。另取两板，于距左边缘0.8～1cm处，第四板滴加20 μL样液、1滴三氟乙酸；第五板滴加20 μL样液、10 μL LAFTB$_1$标准使用液及1滴三氟乙酸。产生衍生物及展开方法同前。再将以上二板在紫外光灯下观察，以确定样液点是否产生与AFTB$_1$标准点重叠的衍生物，观察时可将第一板作为样液的衍生物空白板。经过以上确证试验定为阳性后，再进行稀释定量，如含AFTB$_1$低，不需稀释或稀释倍数小，杂质荧光仍有严重干扰，可根据样液中黄曲霉毒素B$_1$荧光的强弱，直接用双向展开法定量。

结果计算

试样中AFTB$_1$的含量按式（11）计算。

$$X = 0.0004 \times V_1 \times f / (V_2 \times m) \times 1\,000 \qquad 式（11）$$

式中：

X——试样中AFTB$_1$的含量，单位为微克每千克（μg/kg）；

0.0004——AFTB$_1$的最低检出量，单位为微克（μg）；

V_1——加入苯-乙腈混合液的体积，单位为毫升（mL）；

f——样液的总稀释倍数；

V_2——出现最低荧光时滴加样液的体积，单位为毫升（mL）；

m——加入苯-乙腈混合液溶解时相当试样的质量，单位为克（g）；

1 000——换算系数。

结果表示到测定值的整数位。

（5）精密度

每个试样称取两份进行平行测定，以其算术平均值为分析结果。其分析结果的相对相差应不大于60%。

(6) 其他

薄层板上黄曲霉毒素 B_1 的最低检出量为 0.000 4 μg，检出限为 5 μg/kg。

2.8.9 饲料中粗脂肪的测定（参考 GB/T 6433—2006，饲料中粗脂肪的测定[177]）

2.8.9.1 原理

① 脂肪含量较高的样品（至少 200 g/kg）预先用石油醚提取。

② 样品用盐酸加热水解，水解溶液冷却、过滤，洗涤残渣并干燥后用石油醚提取，蒸馏、干燥除去溶剂，残渣称量。

2.8.9.2 试剂和材料

本标准所用试剂，未注明要求时，均指分析纯试剂。

① 水：至少应为 GB/T 6682 规定的 3 级。

② 硫酸钠：无水。

③ 石油醚：主要由具有 6 个碳原子的碳氢化合物组成，沸点范围为 40~60℃。溴值应低于 1，挥发残渣应小于 20 mg/L。也可使用挥发残渣低于 20 mg/L 的工业乙烷。

④ 金刚砂。

⑤ 丙酮。

⑥ 盐酸溶液：c（HCl）= 3 mol/L。

⑦ 滤器辅料：例如硅藻土（kieselguhr），在盐酸 [c（HCl）= 6 mol/L] 中消煮 30min，用水洗至中性，然后在 130℃ 下干燥。

2.8.9.3 仪器和设备

实验室常用仪器设备，特别是下列各件。

① 提取套管。无脂肪和油，用乙醚洗涤。

② 索氏提取器。虹吸容积约 100 mL，或用其他循环提取器。

③ 加热装置。有温度控制装置，不作为火源。

④ 干燥箱。温度能保持在（103±2）℃。

⑤ 电热真空箱。温度能保持在（80±2）℃，并减压至 13.3 kPa 以下，配有引入干燥空气的装置，或内盛干燥剂，例如氧化钙。

⑥ 干燥器。内装有效的干燥剂。

2.8.9.4 采样

采样按 GB/T 14699.1 执行。

重要的是实验室收到一份真正有代表性的样品，并在运输及保存过程中不受到破坏或不发生变化。

样品的保存方法应使样品变质及成分变化降至最低。

2.8.9.5 试样制备

试样按 GB/T 20195 制备。

2.8.9.6 分析步骤

（1）预先提取

如果试样不易粉碎，或因脂肪含量高（超过 200 g/kg）而不易获得均质的缩减的试样，需要预先提取，在所有其他情况下，不必预先提取。

① 称取至少 20 g 制备的试样（m_0），准确至 1 mg，与 10 g 无水硫酸钠混合，转移至一提取套管并用一小块脱脂棉覆盖。将一些金刚砂转移至一干燥烧瓶，将烧瓶与提取器连接，收集石油醚提取物。将套管置于提取器中，用石油醚提取 2 h。如果使用索氏提取器，则调节加热装置使每小时至少循环 10 次，如果使用一个相当设备，则控制回流速度每秒至少 5 滴（约 10 mL/min）。用 500 mL 石油醚稀释烧瓶中的石油醚提取物，充分混合。对一个盛有金刚砂的干燥烧瓶进行称量（m_1），准确至 1 mg，吸取 50 mL 石油醚溶液移入此烧瓶中。

② 蒸馏除去溶剂，直至烧瓶中几无溶剂，加 2 mL 丙酮至烧瓶中，转动烧瓶并在加热装置上缓慢加温以除去丙酮，吹去痕量丙酮。残渣在 103℃ 干燥箱内干燥（10±0.1）min，在干燥器中冷却，称量（m_2），准确至 0.1 mg。

也可采取下列步骤。烧瓶中残渣在 80℃ 电热真空箱中干燥 1.5 h，在干燥器中冷却，称量（m_2），准确至 0.1 mg。

③ 取出套管中提取的残渣在空气中干燥，除去残余的溶剂，干燥残渣称量（m_3），准确至 0.1 mg。将残渣粉碎成 1 mm 大小的颗粒，按下步处理。

（2）试料

称取 5 g（m_4）制备的试样或预先提取后的样品，准确至 1 mg。

（3）水解

将试料转移至一个 400 mL 烧杯或一个 300 mL 锥形瓶中，加 100 mL 盐酸溶液和金刚砂，用表面皿覆盖，或将锥形瓶与回流冷凝器连接，在火焰上或电热板上加热混合物至微沸，保持 1 h，每 10 min 旋转摇动一次，防止产物粘附于容器壁上。在环境温度下冷却，加一定量的滤器辅料，防止过滤时脂肪丢失，在布氏漏斗中通过湿润的无脂的双层滤纸抽吸过滤，残渣用冷水洗涤至中性。

注：如果在滤液表面出现油或脂，则可能得出错误结果，一种可能的解决办法是减少测定试料或提高酸的浓度重复进行水解。

小心取出滤器并将含有残渣的双层滤纸放入一个提取套管中，在80℃电热真空箱中于真空条件下干燥60 min，从电热真空箱中取出套管并用一小块脱脂棉覆盖。

（4）提取

① 将一些金刚砂转移至一干燥烧瓶，称量（m_5），准确至1 mg。将烧瓶与提取器连接，收集石油醚提取物。将套管置于提取器中，用石油醚提取6 h。如果使用索氏提取器，则调节加热装置使每小时至少循环10次，如果使用一个相当设备，则控制回流速度每秒至少5滴（约10 mL/min）。

② 蒸馏除去溶剂，直至烧瓶中几无溶剂，加2 mL丙酮至烧瓶中，转动烧瓶并在加热装置上缓慢加温以除去丙酮，吹去痕量丙酮。残渣在103℃干燥箱内干燥（10±0.1）min，在干燥器中冷却，称量（m_6），准确至0.1 mg。蒸馏除去溶剂也可采取下列步骤。烧瓶中残渣在80℃电热真空箱中真空干燥1.5 h，在干燥器中冷却，称量（m_6），准确至0.1 mg。

2.8.9.7 计算

（1）预先提取测定法

试样的脂肪含量 W_1 按式（12）计算，以克每千克表示。

$$W_1 = \left[\frac{10\,(m_2-m_1)}{m_0} + \frac{(m_6-m_5)}{m_4} \times \frac{m_3}{m_0} \right] \times f \quad \text{式（12）}$$

式中：

m_0——制备试样质量，单位为克（g）；

m_1——在预先提取步骤中装有金刚砂的烧瓶的质量，单位为克（g）；

m_2——在预先提取步骤中带有金刚砂的烧瓶和干燥的石油醚提取物残渣的质量，单位为克（g）；

m_3——在预先提取步骤中获得的干燥提取残渣的质量，单位为克（g）；

m_4——预先提取后试料的质量，单位为克（g）；

m_5——在提取步骤中使用的盛有金刚砂的烧瓶的质量，单位为克（g）；

m_6——在提取步骤中盛有金刚砂的烧瓶和获得的干燥石油醚提取残渣的质量，单位为克（g）；

f——校正因子单位，单位为克每千克（g/kg）（f=1 000 g/kg）。

结果表示准确至 1 g/kg。

(2) 无预先提取的测定法

试样的脂肪含量 W_2 按式（13）计算，以克每千克表示。

$$W_2 = \frac{m_6 - m_5}{m_4} \times f \qquad 式（13）$$

式中：

m_4——制备试样的质量，单位为克（g）；

m_5——盛有金刚砂的烧瓶的质量，单位为克（g）；

m_6——盛有金刚砂的烧瓶和获得的石油醚提取干燥残渣的质量，单位为克（g）；

f——校正因子单位，单位为克每千克（g/kg）（f=1 000 g/kg）。

结果表示准确至 1 g/kg。

2.8.10 饲料中钙的测定（参考 GB/T 6436—2018，饲料中钙的测定[179]）

2.8.10.1 高锰酸钾法

(1) 原理

将试样中有机物破坏，钙变成溶于水的离子，用草酸铵定量沉淀，用高锰酸钾法间接测定钙含量。

(2) 试剂和材料

除非另有说明，本标准所有试剂均为分析纯和符合 GB/T 6682 规定的三级水。

① 浓硝酸。

② 高氯酸：70%~72%。

③ 盐酸溶液（1+3）。

④ 硫酸溶液（1+3）。

⑤ 氨水溶液（1+1）。

⑥ 氨水溶液（1+50）。

⑦ 草酸铵溶液（42 g/L）：称取 4.2 g 草酸铵溶于 100 mL 水中。

⑧ 高锰酸钾标准溶液 [c（1/5KMnO$_4$）= 0.05 mo/L]：按 GB/T 601 规定配制。

⑨ 甲基红指示剂（1 g/L）：称取 0.1 g 甲基红溶于 100 mL 95%乙醇中。

⑩ 有机微孔滤膜：0.45 mm。

⑪ 定量滤纸：中速，7~9 cm。

(3) 仪器和设备

① 实验室用样品粉碎机或研钵。
② 分析天平：感量 0.0001 g。
③ 高温炉：可控温度在 (550±20)℃。
④ 坩埚：瓷质 50 mL。
⑤ 容量瓶：100 mL。
⑥ 滴定管：酸式，25 mL 或 50 mL。
⑦ 玻璃漏斗：直径 6 cm。
⑧ 移液管：10 mL，20 mL。
⑨ 烧杯：200 mL。
⑩ 凯氏烧瓶：250 mL 或 500 mL。

采样和试样制备按 GB/T 14699.1 的规定，抽取有代表性的饲料样品，用四分法缩减取样，按 GB/T 20195 制备试样。粉碎至全部过 0.45 mm 孔筛，混匀装于密封容器，备用。

(4) 分析步骤

① 试样提取如下。

干法。称取试样 0.5~5 g 于坩埚中，精确至 0.0001 g，在电炉上小心碳化，再放入高温炉于 550℃ 下灼烧 3 h，在坩埚中加入盐酸溶液 10 mL 和浓硝酸数滴，小心煮沸，将此溶液转入 100 mL 容量瓶中，冷却至室温，用水稀释至刻度，摇匀，为试样分解液。

湿法。称取试样 0.5~5 g 于 250 mL 凯氏烧瓶中，精确至 0.0002 g，加入浓硝酸 10 mL，小火加热煮沸，至二氧化氮黄烟逸尽，冷却后加入高氯酸 10 mL，小心煮沸至容液无色，不得蒸干，冷却后加水 50 mL，且煮沸驱逐二氧化氮，冷却后移入 100 mL 容量瓶中，用水定容至刻度，摇匀，为试样分解液。

警示。小火加热煮沸过程中如果溶液变黑需立刻取下，冷却后补加高氯酸，小心煮沸至溶液无色；加入高氯酸后，溶液不得蒸干，蒸干可能发生爆炸。

② 测定。准确移取试样分解液 10~20 mL（含钙量 20 mg 左右）于 200 mL 烧杯中，加水 100 mL，甲基红指示剂 2 滴，滴加氨水溶液至溶液呈橙色，若滴加过量，可加盐酸溶液调至橙色，再多加 2 滴使其呈粉红色（pH 值为 2.5~3.0），小心煮沸，慢慢滴加热草酸铵溶液 10 mL，且不断搅拌，如溶液变橙色，则应补加盐酸溶液使其呈红色，煮沸 2~3 min，放置过夜使

沉淀陈化（或在水浴上加热 2 h）。

用定量滤纸过滤，用氨水溶液洗沉淀 6~8 次，至无草酸根离子（接滤液数毫升加硫酸溶液数滴，加热至 80℃，再加高锰酸钾标准溶液 1 滴，呈微红色，且 30s 不褪色。）

将沉淀和滤纸转入原烧杯中，加硫酸溶液 10 mL，水 50 mL，加热至 75~80℃，用高锰酸钾标准溶液滴定，溶液呈粉红色且 30s 不褪色为终点。

同时进行空白溶液的测定。

（5）试验数据处理

试样中钙的含量 X，以质量分数表示（%），按式（14）计算。

$$X = \frac{(V-V_0) \times c \times 0.02}{m \times \dfrac{V'}{100}} \times 100 \qquad 式（14）$$

式中：

V——试样消耗高锰酸钾标准溶液的体积，单位为毫升（mL）；

V_0——空白消耗高锰酸钾标准溶液的体积，单位为毫升（mL）；

c——高锰酸钾标准溶液的浓度，单位为摩尔每升（mol/L）；

V'——滴定时移取试样分解液体积，单位为毫升（mL）；

m——试样的质量，单位为克（g）；

0.02——与 1.00 mL 高锰酸钾标准溶液 [c（1/5KMnO$_4$）= 1.000 mol/L] 相当的以克表示的钙的质量。

测定结果用平行测定的算术平均值表示，结果保留三位有效数字。

（6）重复性

含钙量 10%以上时，在重复性条件下获得的两次独立测定结果的绝对差值不大于这两个测定值得算术平均值的 3%；

含钙量在 5%~10%时，在重复性条件下获得的两次独立测定结果的绝对差值不大于这两个测定值得算术平均值的 5%；

含钙量 1%~5%时，在重复性条件下获得的两次独立测定结果的绝对差值不大于这两个测定值得算术平均值的 9%；

含钙量 1%以下时，在重复性条件下获得的两次独立测定结果的绝对差值不大于这两个测定值得算术平均值的 18%。

2.8.10.2　乙二胺四乙酸二钠络合滴定法

（1）原理

将试样中有机物破坏，钙变成溶于水的离子，用三乙醇胺、乙二胺、盐酸羟胺和淀粉溶液消除干扰离子的影响，在碱性溶液中以钙黄绿素为指示剂，用乙二胺四乙酸二钠标准滴定溶液络合滴定钙，可快速测定钙的含量。

（2）试剂和材料

除非另有说明，本标准所有试剂均为分析纯和符合 GB/T 6682 规定的三级水。

① 盐酸羟胺。

② 三乙醇胺。

③ 乙二胺。

④ 盐酸溶液（1+3）。

⑤ 氢氧化钾溶液（200 g/L）：称取 20 g 氢氧化钾溶于 100 mL 水中。

⑥ 淀粉溶液（10 g/L）：称取 1 g 可溶性淀粉于 200 mL 烧杯中，加 5 mL 水润湿，加 95 mL 沸水搅拌，煮沸，冷却备用（现用现配）。

⑦ 孔雀石绿溶液（1 g/L）。

⑧ 钙黄绿素-甲基百里香草酚蓝指示剂：0.10 g 钙黄绿素与 0.10 g 甲基麝香草酚蓝与 0.03 g 百里香酚酞、5 g 氯化钾研细混匀，贮存于磨口瓶中备用。

⑨ 钙标准溶液（0.001 g/mL）：称取 2.497 4 g 于 105~110℃ 干燥 3h 的基准物碳酸钙，溶于 10 mL 盐酸溶液中，加热赶除二氧化碳，冷却，用水移至 1 000 mL 容量瓶中，定容至刻度。

⑩ 乙二胺四乙酸二钠（EDTA）标准滴定溶液：称取 38 g EDTA 于 200 mL 烧杯中，加 200 mL 水，加热溶解冷却后转至 1 000 mL 容量瓶中，用水定容至刻度。

EDTA 标准滴定溶液的标定：准确吸取钙标准溶液 10.0 mL，按试样测定法进行滴定。

EDTA 滴定溶液对钙的滴定度按式（15）计算：

$$T=\frac{\rho V}{V_0} \qquad 式（15）$$

式中：

T——EDTA 标准滴定溶液对钙的滴定度，单位为克每毫升（g/mL）；

ρ——钙标准溶液的质量浓度，单位为克每毫升（g/mL）；

V——所取钙标准溶液的体积，单位为毫升（mL）；

V_0——EDTA 标准滴定溶液的消耗体积，单位为毫升（mL）。

所得结果应精确至 0.0001 g/mL。

（3）仪器和设备

仪器和设备同方法一"2.8.10.1 高锰酸钾法"。

（4）分析步骤

① 试样提取。试样提取同方法一"分析步骤"中给出的试样提取方法。

② 测定。准确移取试样分解液 5~25 mL（含钙量 2~25 mg）。加水 50 mL，加淀粉溶液 10 mL、三乙醇胺 2 mL、乙二胺 1 mL、1 滴孔雀石绿溶液，滴加氢氧化钾溶液至无色，再过量 10 mL，加 0.1 g 盐酸羟胺（每加入一种试剂后都需要摇匀），加钙黄绿素-甲基百里香草酚蓝指示剂少许，在黑色背景下立即用乙二胺四乙酸二钠（EDTA）标准滴定溶液滴定至绿色荧光消失呈现紫红色且 30 s 稳定为滴定终点。同时做空白实验。

（5）试验数据处理

试样中钙的含量 X，以质量分数表示（%），按式（16）计算：

$$X = \frac{T \times V_2}{m \times \frac{V_1}{V_0}} \times 100 \qquad 式（16）$$

式中：

T——EDTA 标准滴定溶液对钙的滴定度，单位为克每毫升（g/mL）；

V_0——试样分解液的总体积，单位为毫升（mL）；

V_1——分取试样分解液的体积，单位为毫升（mL）；

V_2——试样实际消耗 EDTA 标准滴定溶液的体积，单位为毫升（mL）；

m——试样的质量，单位为克（g）。

测定结果用平行测定的算术平均值表示，结果保留三位有效数字。

（6）重复性

同方法一"高锰酸钾法"。

2.8.11 饲料中总磷的测定（参考 GB/T 6437—2018，饲料中总磷的测定 分光光度法[180]）

2.8.11.1 分光光度法

（1）原理

试样中的总磷经消解，在酸性条件下与钒钼酸铵生成黄色的钒钼黄[$(NH_4)_3PO_4NH_4VO_3 \cdot 16MoO_3$]络合物。钒钼黄的吸光度值与总磷的浓度成正比。在波长 400 nm 下测定试样溶液中钒钼黄的吸光度值，与标准系列比较定量。

(2) 试剂和材料

本标准所用试剂和水，在没有注明其他要求时，均指分析纯试剂和GB/T 6682中规定的三级水，所用标准滴定溶液、杂质测定用标准溶液、制剂及制品，在没有注明其他要求时，均按GB/T 601、GB/T 602、GB/T 603的规定制备。所用溶液在未注明用何种溶剂配制时，均指水溶液。

① 硝酸。

② 高氯酸。

③ 盐酸溶液：盐酸+水＝1+1（V_1+V_2）。

④ 磷标准贮备液（50 μg/mL）：取105℃干燥至恒重的磷酸二氢钾，置干燥器中，冷却后，精密称取0.219 5 g，溶解于水，定量移入1 000 mL容量瓶中，加硝酸3 mL，加水稀释至刻度，摇匀，即得。置聚乙烯瓶中4℃下可储存1个月。

⑤ 钒钼酸铵显色剂：称取偏钒酸铵1.25 g，加水200 mL加热溶解，冷却后再加入250 mL硝酸（41），另称取钼酸铵25 g，加水400 mL加热溶解，在冷却的条件下，将两种溶液混合，用水稀释至1 000 mL，避光保存，若生成沉淀，则不能继续使用。

(3) 仪器和设备

① 分析天平：感量0.000 1 g。

② 紫外-可见分光光度计：带1 cm比色皿。

③ 高温炉：可控温度在±20℃。

④ 电热干燥箱：可控温度在±2℃。

⑤ 可调温电炉：1 000 W。

(4) 试样的制备

按GB/T 14699.1抽取有代表性的饲料样品，用四分法缩减取约200 g，按照GB/T 20195制备样品，粉碎后过0.42 mm孔径的分析筛，混匀，装入磨口瓶中，备用。

(5) 实验步骤

① 试样的前处理有以下3种方法。

干灰化法。称取试样2~5 g，精确到1 mg，置于坩埚中，在电炉上小心碳化，再放入高温炉，在550℃灼烧3 h（或测粗灰分继续进行），取出冷却，加盐酸溶液10 mL和硝酸数滴，小心煮沸约10 min，冷却后转入100 mL容量瓶中，加水稀释至刻度，摇匀，为试样溶液。

湿法消解法。称取试样0.5~5 g，精确到1 mg，置于凯氏烧瓶中，加入硝酸 30 mL，小心加热煮沸至黄烟逸尽，稍冷，加入高氯酸 10 mL，继续加热至高氯酸冒白烟（不得蒸干），溶液基本无色，冷却，加水 30 mL，加热煮沸，冷却后用水转入 100 mL 容量瓶中并稀释至刻度，摇匀，为试样溶液。

盐酸溶解法（适用于微量元素预混料）。称取试样 0.2~1 g，精确到 1 mg，置于 100 mL 烧杯中，缓缓加入盐酸溶液 10 mL，使其全部溶解，冷却后转入 100 mL 容量瓶中，加水稀释至刻度，摇匀，为试样溶液。

② 磷标准工作液的制备。准确移取磷标准贮备液 0 mL、1 mL、2 mL、5 mL、10 mL、15 mL 于 50 mL 容量瓶中（即相当于含磷量为 0 μg、50 μg、100 μg、250 μg、500 μg、750 μg），于各容量瓶中分别加入钒钼酸铵显色剂 10 mL，用水稀释至刻度，摇匀，常温下放置 10 min 以上，以 0 mL 磷标准溶液为参比，用 1 cm 比色皿在 400 nm 波长下用分光光度计测定各溶液的吸光度。以磷含量为横坐标，吸光度为纵坐标，绘制工作曲线。

③ 试样的测定。准确移取试样溶液 1~10 mL（含磷量 50~750 μg）于 50 mL 容量瓶中，加入钒钼酸铵显色剂 10 mL，用水稀释至刻度，摇匀，常温下放置 10 min 以上，用 1 cm 比色皿，在 400 nm 波长下用分光光度计测定试样溶液的吸光度，通过工作曲线计算试样溶液的磷含量。若试样溶液磷含量超过磷标准工作曲线范围，应对试样溶液进行稀释。

（6）试验数据处理

① 结果计算如下。

试样中磷的含量 ω，以质量分数计，数值以%表示，结果按式（17）计算：

$$\omega = \frac{m_1 \times V}{m \times V_1 \times 10^6} \times 100\% \qquad 式（17）$$

式中：

ω——试样中磷的含量；

m_1——通过工作曲线计算出试样溶液中磷的含量，单位为微克（μg）；

V——试样溶液的总体积，单位为毫升（mL）；

m——试样质量，单位为克（g）；

V_1——试样测定时移取试样溶液的体积，单位为毫升（mL）；

10^6——换算系数。

② 结果表示。每个试样称取两个平行样进行测定，以其算术平均值为测定结果，所得到的结果应表示至小数点后两位。

3 发酵花生粕在养殖中的应用效果

3.1 发酵花生粕在畜禽养殖中的应用效果

大量研究表明，使用各种微生物菌种对花生粕进行发酵，经过发酵后的产物，具有酸甜的芳香气味，适口性好，同时对于抗营养因素和刺激性物质得到了降解和清除，能够促进动物胃肠道的吸收，起到保护机体肠道的作用。

解佑志等[31]在30~70 kg生长猪日粮中用8%的发酵花生粕代替豆粕，生长猪的日增重显著提高了7.8%（$P<0.05$），料重比下降了8.1%，且无任何不良影响；另外，日粮蛋白质、钙和磷的消化率分别比对照组显著提高了2.16%、4.25%和6.00%。发酵花生粕能够促进消化、提高动物生长性能的原因在于：微生物发酵产生的乳酸菌通过代谢酸性物质来降低仔猪胃肠道的pH值，以激发消化酶的活性，对其他营养素和矿物质的吸收和再利用具有积极作用[30,31]。

杨树梅[32]使用3%发酵花生粕代替3%优质鱼粉饲喂断奶仔猪，分别测定发酵花生粕对断奶仔猪的生产性能、肠道微生物、养分和氨基酸利用率、血清和免疫生化指标的影响。结果表明：与饲喂不添加发酵花生粕日粮的对照组相比，饲料中添加3%发酵花生粕的试验组仔猪，试验组料重比降低约1.53%（$P>0.05$），腹泻率大幅度降低约30%（$P<0.05$）；试验组日粮中粗蛋白质（CP）提高了约9.2%（$P<0.05$）、试验组日粮中赖氨酸利用率增加了5.24%（$P<0.05$），其他种类的氨基酸利用率变化不明显（$P>0.05$）；肠道微生物指标，试验组大肠杆菌总量减少约8%（$P<0.05$），乳酸杆菌总量增加约7.4%（$P<0.05$）；对比对照组和试验组仔猪血清免疫和血液生化指标，试验组仔猪IgA增加约3.3%，IgG、IgM分别增加8.7%和7.1%（$P<0.05$），试验组仔猪血清免疫指标优于对照组。由此得出，在仔猪日粮中添加发酵花生粕代替鱼粉，可以有效降低仔猪腹泻率，提高饲料粗蛋白质

的养分利用率，减少蛋白质资源浪费，提高氨基酸利用率，提高仔猪血清中的免疫球蛋白含量，增强仔猪免疫力。

发酵花生粕应用于反刍动物生产中效果也很明显，不仅可以可促进反刍动物生长，提高生产性能，而且可以改善肉品质[38]。Bezerra 等[42]研究表明，采用发酵花生粕替代豆粕饲喂肉羊可显著提高腰最长肌的粗蛋白质、粗脂肪含量，影响脂肪酸的组成。此外，研究表明，在荷斯坦奶牛饲粮中分别添加 5% 和 10% 发酵花生粕可显著提高奶牛产奶量，消化性得到提高，但对采食量影响不显著[181]。

3.2 发酵花生粕在水产养殖中的应用效果

鱼粉是水产饲料中重要的蛋白质原料，但由于资源紧缺和价格高涨，水产饲料行业不断寻找能够替代鱼粉或减少鱼粉用量的蛋白质原料。发酵花生粕是一种可以部分替代鱼粉的优质蛋白质资源。水产动物饵料中直接添加发酵花生粕或用发酵花生粕替代部分鱼粉，可以促进营养物质的吸收利用，提高生长性能[44]，同时降低饲料成本。

李百安等[49]分别以花生粕、发酵花生粕等蛋白替代基础饲料（6%鱼粉，对照组）中鱼粉用量的 1/3、2/3 和 3/3，制成 7 组饲料，饲养奥尼罗非鱼（平均体质量 68.0 ±0.4 g）8 周，考察对生长性能、肌肉常规成分、氨基酸组成和消化道蛋白酶活性的影响；结果表明，当花生粕替代 1/3 鱼粉、发酵花生粕替代 2/3 鱼粉时，对鱼体增重率和饲料系数无显著影响（$P>0.05$）；各处理组肌肉水分、粗蛋白质、粗脂肪、灰分、必需氨基酸总量和非必需氨基酸总量无显著差异（$P>0.05$）；当花生粕替代 2/3 鱼粉时，罗非鱼胃蛋白酶活性显著降低（$P<0.05$）；发酵花生粕替代不同比例鱼粉对胃蛋白酶活性无显著影响（$P>0.05$）；各处理组罗非鱼肠间蛋白酶活性无显著差异（$P>0.05$）；上述结果表明，在鱼粉含量为 6% 的奥尼罗非鱼饲料中，发酵花生粕可替代鱼粉用量的 2/3，肌肉水分、粗蛋白质、粗脂肪、灰分含量、必需氨基酸总量、非必需氨基酸总量、肝体比、脏体比均无显著差异，说明发酵花生粕对奥尼罗非鱼生长无不良影响。

彭松[30]研究发酵花生粕替代不同水平鱼粉对凡纳滨对虾（*Litopenaeus vannamei*（Boone））生长、体组成和血淋巴非特异性免疫指标的影响，设计鱼粉含量为 21% 的对照组饲料，以 0.0%、4.5%、9.0%、13.5% 的发酵花生粕分别替代对照组饲料中 0.0%、3.0%、6.0%、9.0% 的鱼粉，配制成

4 种等氮饲料，投喂平均体质量 5.1 g 的凡纳滨对虾 42 d；结果表明，发酵花生粕替代饲料中 3.0%、6.0% 的鱼粉不影响凡纳滨对虾增重率和饲料系数；而替代鱼粉比例达 9.0% 时，增重率显著降低（$P<0.05$），饲料系数显著增高（$P<0.05$），同时，肌肉粗蛋白质含量、血淋巴 T-SOD 活性显著降低（$P<0.05$）；替代鱼粉比例为 3.0% 时对虾表现出最高的 PO 活性（$P<0.05$）。以上结果表明，发酵花生粕最高可替代饲料中 6.0% 的鱼粉而不影响凡纳滨对虾生长性能。

李洪琴等[50]在凡纳滨对虾饵料中添加 3% 发酵豆粕、花生粕和发酵花生粕饲喂凡纳滨对虾，对其生长、存活率、消化及免疫相关酶等指标进行测定，结果表明，发酵花生粕组质量增加率和特定生长率显著高于花生粕组 162.26、0.43%（$P<0.05$）；发酵花生粕组饲料转化率显著高于花生粕组 20.59%（$P<0.05$），发酵豆粕组饲料转化率显著高于花生粕组 7.73%（$P<0.05$）；发酵花生粕组成活率显著高于花生粕组 19.92%（$P<0.05$）；发酵花生粕组胰蛋白酶活性显著高于花生粕组 2047.21 U/mg prot（$P<0.05$）；发酵花生粕组超氧化物歧化酶、总抗氧化能力及多酚氧化酶活性高于其他各试验组；发酵花生粕组溶菌酶活性高于其他组；发酵花生粕组碱性磷酸酶活性显著低于花生粕组 157.88 U/g prot（$P<0.05$）；发酵花生粕组酸性磷酸酶、谷草转氨酶活性低于花生粕组 54.81、0.17 U/g prot（$P>0.05$）；综上所述，饲料中添加发酵花生粕原料能改善凡纳滨对虾生长性能、饲料效率及免疫力。

参考文献

[1] 中国统计局. 2021 中国统计年鉴 [M]. 北京：中国统计出版社，2021.

[2] 李建军，蔡桢，汪天明，等. 花生粕营养成分分析 [J]. 安徽农业科学. 2012, 40 (7)：3 999-4 000.

[3] 王嘉豪，刘长忠，崔艳红. 发酵花生粕的营养价值及其在动物生产中的应用研究 [J]. 饲料研究. 2022, 45 (04)：154-157.

[4] 彭松，李小勤，蔡国林，等. 发酵花生粕替代鱼粉对凡纳滨对虾生长、肌肉成分和非特异性免疫的影响 [J]. 饲料工业. 2015, 36 (14)：19-23.

[5] 吴道银. 浓香花生油生产工艺简介 [J]. 粮油食品科技. 2000, 8 (6)：8-9.

[6] 李青云. 生长猪花生粕有效能和氨基酸消化率预测方程的建立 [D]. 北京：中国农业大学，2014.

[7] 陈杰，方志伟，徐鹤龙，等. 花生粕的主要特征、营养成分及综合开发利用 [J]. 广东农业科学. 2008 (11)：70-71.

[8] 徐运杰. 花生粕的营养组成及其在禽料中的应用 [J]. 广东畜牧兽医科技. 2011, 36 (06)：24-26.

[9] 王利宾，孙利娜，郜希君，等. 花生副产品的营养特点及其在畜牧生产中的应用 [J]. 饲料博览. 2011 (03)：30-32.

[10] 林厦菁，蒋守群，李龙，等. 黄羽肉鸡饲料原料代谢能的测定 [J]. 中国饲料. 2017 (13)：24-26.

[11] Nutrient Requirements of Swine [M]. United States of America：500 Fifth Street, NW, Keck 360, Washington, DC 20001；(800) 624 - 6 242 or (202) 334 - 3 313 (Washington metropolitan area), 2012.

[12] 熊本海，罗清尧，赵峰，等. 中国饲料成分及营养价值表（2021

年第32版)(待续)[J]. 中国饲料. 2021 (23): 98-107.

[13] 何英. 糠麸糟渣、饼粕类饲料猪有效能预测模型的研究 [D]. 成都: 四川农业大学, 2004.

[14] 张欣欣. 糠麸糟渣、饼粕类饲料鸭有效能的预测模型研究 [D]. 成都: 四川农业大学, 2004.

[15] 梅娜, 周文明, 胡晓玉, 等. 花生粕营养成分分析 [J]. 西北农业学报. 2007, 16 (3): 96-99.

[16] 刘庆芳, 蒋竹青, 贾敏, 等. 花生粕综合利用研究进展 [J]. 食品研究与开发. 2017, 38 (07): 192-195.

[17] 吴绮雯, 李平, 熊云霞, 等. 猪饲料原料营养价值评定及研究进展 [J]. 中国畜牧杂志. 2021: 1-13.

[18] 李全丰. 中国玉米猪有效营养成分预测方程的构建 [D]. 北京: 中国农业大学, 2014.

[19] 刘蓓一, 施寿荣, H. H. Stein. 猪回肠表观、真、标准氨基酸消化的定义 [J]. 国外畜牧学 (猪与禽). 2007 (06): 13-15.

[20] 廖瑞波, 蔡辉益, 刘国华, 等. 玉米中氨基酸的肉鸡标准回肠消化率测定 [J]. 饲料工业. 2012, 33 (06): 20-25.

[21] Rostagno H S, Albino L F T, Hannas M I, et al. Brazilian Tables for Poultry and Swine: Feedstuff Composition and Nutritional Requirements [M]. Viçosa: UFV-DZO, 2017.

[22] Shiu Y, Wong S, Guei W, et al. Increase in the plant protein ratio in the diet of white shrimp, Litopenaeus vannamei (Boone), using Bacillus subtilis E20-fermented soybean meal as a replacement [J]. Aquaculture Research. 2015, 46 (2): 382-394.

[23] 张红芬. 豆粕生物肽的生产工艺及其对肉鸡生产性能和血液生化指标的影响研究 [D]. 保定: 河北农业大学, 2004.

[24] 陈萱. 豆粕发酵工艺改进与发酵豆粕功能拓展的研究 [D]. 武汉: 华中农业大学, 2005.

[25] Wang M L, Chen C Y, Tonnis B, et al. Oil, Fatty Acid, Flavonoid, and Resveratrol Content Variability and FAD2A Functional SNP Genotypes in the U. S. Peanut Mini–Core Collection [J]. journal of agricultural ans food chemistry. 2013 (61): 2 875-2 882.

[26] 姚晓红, 吴逸飞, 汤江武, 等. 微生物混合发酵去除生豆粕中

胰蛋白酶抑制剂的研究［J］.中国饲料.2005（24）：16-18.

[27] 任晓静, 蔡国林, 朱德伟, 等. 花生粕饲用品质改善的研究［J］. 中国油脂.2013, 38（04）：18-22.

[28] 徐会茹, 初丽君, 李秋, 等. 花生粕固态发酵产业化生产及品质分析［J］. 粮食与食品工业.2015, 22（06）：38-40.

[29] 季伟, 徐学明. 乳酸链球菌固态发酵豆粕的研究［J］. 粮食与饲料工业.2006（05）：32-34.

[30] 彭松. 发酵豆粕和发酵花生粕在凡纳滨对虾饲料中的应用研究［D］. 上海海洋大学, 2015.

[31] 解佑志, 曹洪战, 宋志芳, 等. 发酵花生粕对生长猪生产性能和养分消化率的影响［J］. 畜牧与兽医.2017, 49（10）：40-42.

[32] 杨树梅. 发酵花生粕对断奶仔猪生产性能及相关指标的影响［D］. 新乡：河南科技学院, 2021.

[33] 郭爱红, 张号杰. 花生副产物在畜牧生产中的综合利用［J］. 饲料与畜牧.2014（11）：13-15.

[34] Pesti G M, Bakalli R I, Driver J P, et al. Comparison of Peanut Meal and Soybean Meal as Protein Supplements for Laying Hens1［J］. PEANUT MEAL FOR LAYERS.2003：1 274-1 280.

[35] Costa E F, Miller B R, Pesti G M, et al. Studies on feeding peanut meal as a protein source for broiler chickens［J］. Poultry science.2001, 80（3）：306-313.

[36] 李秀, 李芹, 毕瑜林, 等. 杂粮代替豆粕对蛋品质和血液生化指标的影响［J］. 广东饲料.2011, 20（5）：18-21.

[37] 肖芹, 施寿荣, 王克华, 等. 葵花粕、芝麻粕、花生粕替代豆粕对如皋黄鸡蛋用经济效益的影响［J］. 中国家禽.2012, 34（08）：59-60.

[38] 樊庆山, 刁其玉, 毕研亮, 等. 新型植物饼粕类饲料在反刍动物生产中的应用［J］. 家畜生态学报.2018, 39（02）：79-85.

[39] 蔡李逢, 王建华, 吕永艳, 等. 不同饼粕组合对奶牛瘤胃发酵的影响［J］. 安徽农业科学.2010, 38（13）：6 720-6 721.

[40] 刘兴. 混菌发酵饲料的工艺优化及饲喂效果的研究［D］. 哈尔滨：黑龙江东方学院, 2020.

[41] Dias C, Bagaldo A R, Cerutti W G, et al. Peanut cake can replace soybean meal in supplements for lactating cows without affecting production [J]. Trop Anim Health Prod. 2018, 50 (3): 651-657.

[42] Bezerra L S, Barbosa A M, Carvalho G, et al. Meat quality of lambs fed diets with peanut cake [J]. Meat Sci. 2016, 121: 88-95.

[43] 王亚敏, 王印庚. 微生态制剂在水产养殖中的作用机理及应用研究进展 [J]. 动物医学进展. 2008 (06): 72-75.

[44] 高旭娜, 陈玉春, 赵倩明, 等. 发酵粕类替代鱼粉在水产养殖中的应用 [J]. 中国饲料. 2017 (3): 33-44.

[45] 周贵谭, 王拥才, 莫斌胜, 等. 乌龟配合饲料动植物蛋白比的研究 [J]. 广东饲料. 2004, 13 (1): 24-25.

[46] 姚大龙, 刘勇. 花生粕替代豆粕对草鱼生长性能的影响 [J]. 中国饲料. 2013 (11): 33-35.

[47] Li M H, Lucas P M. Evaluation of Peanut Meal as an Alternative Dietary Protein Source for Channel Catfish [J]. North American journal of aquaculture. 2017, 79 (1): 95-99.

[48] 赵丹, 王立改, 楼宝, 等. 不同饲料蛋白源对黄姑鱼幼鱼生长性能、饲料利用、体组成成分和肌肉氨基酸含量的影响 [J]. 浙江海洋大学学报 (自然科学版). 2020, 39 (06): 509-516.

[49] 李百安, 冷向军, 李小勤, 等. 罗非鱼饲料中花生粕和发酵花生粕替代鱼粉的效果研究 [J]. 大连海洋大学学报. 2016, 31 (01): 50-57.

[50] 李洪琴, 朱伟, 席庆凯, 等. 发酵豆粕和发酵花生粕对凡纳滨对虾生长性能、饲料效率及免疫力的影响 [J]. 中国饲料. 2020 (19): 82-86.

[51] 刘立鹤, 黄峰, 侯永清, 等. 饲料中用花生粕替代鱼粉对凡纳对虾生长和氨基酸组成的影响 [J]. 大连水产学院学报. 2008, 23 (5): 370-375.

[52] 杨奇慧, 谭北平, 董晓慧, 等. 凡纳滨对虾饲料中用花生粕替代鱼粉的研究 [J]. 动物营养学报. 2011, 23 (10): 1 733-1 744.

[53] 邓雪娟主编. 生物饲料应用关键技术精选问答 (2019) [M].

北京：中国农业出版社，2019.

[54] 陈国金. 生物饲料在猪生产中的应用 [J]. 养殖与饲料. 2022, 21（06）：31-33.

[55] 宋高杰, 李瑞珍, 潘耀谦, 等. 益生菌发酵饲料的优势及其在畜禽生产中的应用 [J]. 中国家禽. 2016, 38（23）：64-67.

[56] 吕航, 黄晓灵, 申远航, 等. 发酵饲料在猪生产上的替抗研究进展 [J]. 中国饲料. 2019（23）：91-98.

[57] 杨建平, 史洪涛, 王永芬, 等. 简易发酵饲料的制备及其对育肥猪生产性能的影响 [J]. 现代牧业. 2017, 1（1）：35-38.

[58] 王胜, 朱宏宇, 刘艳玲, 等. 生物发酵饲料对白羽肉鸡生长性能的影响 [J]. 中国畜牧业. 2020（16）：58-59.

[59] 吕伟超. 多粘类芽孢杆菌液态发酵花生粕及其特性研究 [D]. 赣州：江西理工大学, 2020.

[60] 黄伟, 谌先明. 黄曲霉毒素的危害及预防措施 [J]. 营养与日粮. 2014（10）：38-41.

[61] 赵晓野, 王儒, 王婷, 等. 黄曲霉毒素的危害及检测方法研究进展 [J]. 食品科技. 2022：155-158.

[62] 王晓玲, 蔡国林, 李卫青, 等. 降解花生粕中黄曲霉毒素菌株的筛选及其在发酵酶解偶联工艺中的应用 [J]. 粮食与食品工业. 2021, 28（02）：48-52.

[63] 邢福国, 李旭, 张晨曦. 黄曲霉毒素的产生机制及污染防控策略 [J]. 食品科学技术学报. 2021, 39（1）：13-26.

[64] 许艺兰, 袁梦婷, 宾石玉, 等. 蛋鸡饲料黄曲霉毒素风险控制的研究进展 [J]. 中国饲料. 2020（19）：12-15.

[65] 陈毅保, 杨趁仙, 刘昆仑, 等. 黄曲霉毒素 AFB_1 的脱除及其机制研究进展 [J]. 中国油脂. 2022.

[66] 孙统政, 王娜, 田俊, 等. 黄曲霉毒素 B_1 检测与脱毒方法最新研究进展 [J]. 江苏农业学报. 2021, 37（3）：789-799.

[67] 侯德宝, 蔡国林, 朱德伟, 等. 生物技术法处理对花生粕饲用品质影响的研究 [J]. 中国油脂. 2017, 42（06）：93-96.

[68] 宫旭洲, 陆健, 闫升欣, 等. 高温花生饼粕增值技术研发与产业化示范 [Z]. 2017.

[69] 赵朝阳, 宋鹏, 常桂芳. 发酵花生粕的饲用开发 [J]. 广东饲

料. 2015, 24 (03): 41-42.

[70] 熊江林, 周华林, 丁斌鹰, 等. 黄曲霉毒素生物合成及代谢转换的研究进展 [J]. 家畜生态学报. 2015, 36 (4): 85-89.

[71] Chang P, Wilkinson J R, Horn B W, et al. Genes differentially expressed by Aspergillus flavus, strains after loss of aflatoxin production by serial transfers [J]. Appl Microbiol Biotechnol. 2007, 77: 917-925.

[72] 王赞, 吴天佑, 王文丹, 等. 奶牛饲料中黄曲霉毒素风险控制的研究进展 [J]. 中国奶牛. 2018 (7): 32-36.

[73] 罗自生, 雨秦, 徐艳群, 等. 黄曲霉毒素的生物合成、代谢和毒性研究进展 [J]. 食品科学. 2015, 36 (3): 250-257.

[74] Wilkinson J R, Yu J, Bland J M, et al. Amino acid supplementation reveals differential regulation of aflatoxin biosynthesis in Aspergillus flavus, NRRL 3357 and Aspergillus parasiticus, SRRC 143 [J]. Appl Microbiol Biotechnol. 2007: 1 308-1 319.

[75] 刘英, 胡建华, 刘春朝. 黄曲霉素毒理效应及检测方法 [J]. 生物加工过程. 2013, 11 (3): 83-88.

[76] 于泽, 张凯淇, 王毅, 等. 黄曲霉毒素的危害及预防 [J]. 农产品加工. 2022 (8): 76-82.

[77] 解静菲, 陈诺蔓, 李潞, 等. 黄曲霉毒素对肉鸡毒性作用的研究进展 [J]. 畜牧与饲料科学. 2022, 43 (3): 53-58.

[78] 乔宏兴, 姜亚乐, 王永芬, 等. 黄曲霉毒素的危害及其脱毒方法研究进展 [J]. 动物医学进展. 2017, 38 (1): 89-93.

[79] 梁科, 王懿, 李斌, 等. 霉变水果微生物及真菌毒素污染情况分析 [J]. 食品安全导刊. 2021 (31): 103-105.

[80] 叶银鹏. 我国灵芝孢子粉产品质量安全风险及防控对策 [J]. 食品工业. 2021, 10 (42): 320-324.

[81] 杨瑞琪. 饲料中黄曲霉毒素对家畜的危害及防治 [J]. 中国畜牧兽医文摘, 34 (3): 246.

[82] Giray B, Girgin G, G S, et al. Aflatoxin levels in wheat samples consumed in some regions of Turkey [J]. Food Control. 2007, 18 (1): 23-29.

[83] Cheraghali A M, Yazdanpanah H, Doraki N, et al. Incidence of af-

latoxins in Iran pistachio nuts [J]. Food and Chemical Toxicology. 2007, 45 (5): 812-816.

[84] Chun H S, Kim H J, Ok H E, et al. Determination of aflatoxin levels in nuts and their products consumed in South Korea [J]. Food Chemistry. 2007, 102 (1): 385-391.

[85] 蔡姝, 张荣荣, 邓飞燕. 高效液相色谱技术在食品检测中的应用探讨 [J]. 现代食品. 2020 (23): 123-125.

[86] 张晓萍, 刘笑笑, 苗菊. 中药中黄曲霉毒素的研究进展 [J]. 甘肃科技. 2021, 37 (5): 73-77.

[87] 唐海飞, 吴梅青, 涛颜. 黄曲霉毒素 B_1 分子结构分析及反应活性位点预测 [J]. 河南医学高等专科学校学报. 2022, 34 (3): 296-300.

[88] 侯然然, 张敏红. 霉菌毒素对畜禽的危害及其防控方法的研究进展 [J]. 中国畜牧兽医. 2007, 34 (1): 13-16.

[89] 计成. 霉菌毒素对家禽的危害及降解技术 [J]. 中国家禽. 2014, 36 (2): 40-42.

[90] 刘兆仁, 高树云, 找三强, 等. 黄曲霉毒素对畜禽养殖的危害 [J]. 农村养殖技术. 2012 (9): 7-8.

[91] 黄海涛. 黄曲霉毒素 B_1 对肉鸡生长性能影响及脱霉剂的使用效果评估 [D]. 广州: 华南农业大学, 2018.

[92] Rushing B R, Selim M I. Aflatoxin B1: A review on metabolism, toxicity, occurrence in food, occupational exposure, and detoxification methods [J]. Food and Chemical Toxicology. 2019 (124): 81-100.

[93] 江辉. 霉菌毒素对动物免疫系统的影响 [J]. 畜牧与饲料科学. 2015, 36 (10): 119-120.

[94] 张禹, 王海荣. 饲料中黄曲霉毒素的危害及脱毒方法进展 [J]. 饲料研究. 2021, 44 (8): 157-160.

[95] 杨雪, 高亚男, 王加启, 等. 霉菌毒素对肠道紧密连接蛋白的影响及其调控机制 [J]. 动物营养学报. 2020, 32 (12): 5 566-5 577.

[96] 张龙生. 黄曲霉毒素对猪免疫效果的影响 [J]. 生产指导, 2020: 26.

[97] 周元军. 饲料中黄曲霉毒素的危害与防治研究进展 [J]. 安徽农业科学. 2006 (05): 913-914.

[98] 王新慧, 许宏扬, 刘沛尧, 等. 黄曲霉毒素 B_1 对奶牛的危害及防控研究进展 [J]. 中国奶牛. 2021 (9): 44-47.

[99] 姜雅慧, 杨红建. 不同剂量黄曲霉毒素 B_1 对奶牛瘤胃混合微生物发酵的抑制作用 [J]. 中国农学通报. 2010, 26 (16): 8-13.

[100] Westlake K, Mackie R I, Dutton M F. In vitro metabolism of mycotoxins by bacterial, protozoal and ovine ruminal fluid preparations [J]. Animal Feed Science & Technology. 1989, 1-2 (25): 169-178.

[101] 王倩. 代谢组学分析纯品黄曲霉毒素 B_1 添加和自然霉变饲料对奶牛健康和牛奶品质的影响 [D]. 北京: 中国农业科学院, 2019.

[102] 黄帅, 郑楠, 程明, 等. 黄曲霉毒素 B_1 对奶山羊生产性能和血液指标的影响 [J]. 安徽农业大学学报. 2016, 43 (6): 880-884.

[103] A V K N, Liliana D O R A, Edlayne G A B, et al. Distribution of fungi and aflatoxins in a stored peanut variety [J]. Food Chemistry. 2008, 106 (1): 285-290.

[104] 程广龙, 杨永新, 赵辉玲, 等. 黄曲霉毒素对奶牛生产的危害及其控制措施 [J]. 中国草食动物科学. 2012, 32 (3): 79-81.

[105] 孙安权. 霉菌毒素对奶牛生产的危害及控制方案 [C]. 2009.

[106] 郭锐, 田永祥, 刘威, 等. 黄曲霉毒素对黑山羊血常规指标的影响 [J]. 湖北农业科学. 2021, 60 (22): 117-118.

[107] 饲料卫生标准 GB 13078-2017 [S]. 2017: 2017-10-14.

[108] 王玉涛, 张潇, 蔡达, 等. 奶牛饲料中霉菌毒素检测及防控技术研究进展 [J]. 农产品质量与安全. 2020 (2): 59-63.

[109] 周佳慧, 李晓敏, 蔡国林, 等. 菌酶协同改善花生粕的饲用品质 [J]. 中国油脂. 2021, 46 (9).

[110] 蔡国林, 郑冰冰, 王刚, 等. 微生物发酵提高花生粕营养价值的初步研究 [J]. 中国油脂. 2010, 35 (5): 31-34.

[111] 李爱科, 王薇薇, 王永伟, 等. 生物饲料及其替代和减少抗生

素使用技术研究进展［J］.动物营养学报.2020，32（10）：4 793-4 806.

[112] 周瑞宝.花生加工技术［M］.北京：化学工业出版社，2003.

[113] 梁蓉.热榨花生粕的综合利用［D］.无锡：江南大学，2008.

[114] 潘秋琴，沈蓓英，程霜.花生蛋白质的磷酸化改性［J］.中国油脂.1997（01）：25-27.

[115] 黄伟坤.食品检验与分析［M］.北京：中国轻工业出版社，1989.

[116] Bhatnagar D, Ehrlich K C, Cleveland T E. Molecular genetic analysis and regulation of aflatoxin biosynthesis ［J］. Applied microbiology and biotechnology. 2003, 61（2）：83-93.

[117] 林勉，刘通讯.内肽酶与端解酶水解花生粕蛋白的研究［J］.食品科学.2000（12）：22.

[118] 陈新，王雄，雷达.免疫亲和-光化学柱后衍生高效液相色谱荧光法测定花生粕中黄曲霉毒素的研究［J］.中国饲料.2007（24）：30-31.

[119] 陈斌.微生物发酵对豆粕中抗营养因子及营养价值的影响［D］.浙江：浙江大学，2005.

[120] 陈乃松.植酸酶对大豆分离蛋白中植酸的酶解研究［J］.饲料工业.1999（11）：41-43.

[121] Cheryan M. Phytic acid interactions in food systems ［J］. Critical Reviews in Food Science and Nutrition. 1980, 13（4）：197-335.

[122] 李林，李金明，郑书涛.是什么绊住了提升畜产品品质的步伐——抗生素在饲料应用中的问题与替代品的发展［J］.中国动物保健.2008（03）：13-16.

[123] 周岩民，吴迪，刘峰，等.蛋白质溶解度法评价几种主要油料饼粕品质的研究［J］.粮食与饲料工业.1996（06）：36-39.

[124] 任晓静.微生物发酵提高花生粕品质的初步研究［D］.无锡：江南大学，2013.

[125] 盖云霞，赵谋明，崔春，等.不同前处理方法对花生粕酶解液中黄曲霉毒素含量的影响［J］.食品与发酵工业.2007，33（11）：18-21.

[126] Hickling D. Flax has potential in livestock, poultry and pet diets

[J]. Feedstuffs. 1997, 69 (3): 16-17.

[127] Coomes T J, Crowther P C, Feuell A J, et al. Experimental Detoxification of Groundnut Meals containing Aflatoxin [J]. Nature. 1966, 209 (5021): 406-407.

[128] Chu G M, Ohmori H, Kawashima T, et al. Brewer's yeast efficiently degrades phytate phosphorus in a corn-soybean meal diet during soaking treatment [J]. Animal Science Journal. 2009, 80 (4): 433-437.

[129] 李俊霞. 降解黄曲霉毒素 B_1 菌株的筛选及应用 [D]. 北京: 中国农业大学, 2007.

[130] Phillips T D, Kubena L F, Harvey R B, et al. Hydrated sodium calcium aluminosilicate: a high affinity sorbent for aflatoxin [J]. Poultry Science. 1988, 67 (2): 243-247.

[131] Patel U D, Govindarajan P, J D P. Inactivation of aflatoxin B_1 by using the synergistic effect of hydrogen peroxide and gamma radiation [J]. Applied and Environmental Microbiology. 1989, 55 (2): 465-467.

[132] Prudente A D, M. K J. Efficacy and safety evaluation of ozonation to degrade aflatoxin in corn [J]. Journal of food science. 2002, 67 (8): 2 866-2 872.

[133] 冯定远. 花生饼中黄曲霉毒素化学脱毒的研究 [J]. 中国粮油学报. 1997 (02): 23-27.

[134] 吴兆蕃. 黄曲霉毒素的研究进展 [J]. 甘肃科技. 2010, 26 (18): 89-93.

[135] Moerck K, McElfresh P, Wohlman A, et al. Aflatoxin destruction in corn using sodium bisulfate, sodium hydroxide and aqueous ammonia [J]. Journal of Food Protection. 1980 (43): 571-575.

[136] Parker W A, D. M. Absence of aflatoxin from refined vegetable oils [J]. Journal of the American Oil Chemists' Society. 1966, 43 (11): 635-638.

[137] 乔利. 固态发酵工艺参数对豆粕发酵品质的影响 [D]. 福州: 福建农林大学, 2009.

[138] ZamboninoInfante J L, Cahu C L, A. P. Partial substitution of di-

and tripeptides for native proteins in sea bass diet improves Dicentrarchus labrax larval development [J]. Journal of nutrition. 1997, 127 (4): 608-614.

[139] 陈琛. 饲用植酸酶来源及功能研究进展 [J]. 中国饲料. 2011 (07): 9-12.

[140] Jongbloed A W, Mroz Z, A. K P. The effect of supplementary Aspergillus niger phytase in diets for pigs on concentration and apparent digestibility of dry matter, total phosphorus, and phytic acid in different sections of the alimentary tract [J]. Animal Science Journal. 1992, 70 (4): 1 159-1 227.

[141] Jongbloed A W, Kemme P A, Mroz Z, et al. The effect of organic acids in diets for growing pigs on the efficacy of microbial phytase [C]. 1996. 515-524.

[142] Driver J P, Atencio A, Pesti G M, et al. Improvements in nitrogen-corrected apparent metabolizable energy of peanut meal in response to phytase supplementation [J]. Poultry Science. 2006, 85 (1): 96-99.

[143] Lei X G, Ku P K, Miller E R, et al. Supplementing corn-soybean meal diets with microbial phytase linearly improves phytate phosphorus utilization by weanling pigs [J]. Journal of Animal Science. 1993, 71 (12): 3 359-3 367.

[144] 吴锦瑞. 玉米-豆粕型日粮添加发酵原料的饲喂效果报告 [J]. 饲料广角. 2010 (13): 37-39.

[145] 林标声, 罗建, 戴爱玲, 等. 微生物发酵饲料对断奶仔猪生长性能的影响 [J]. 安徽农业科学. 2010, 38 (05): 2 378-2 380.

[146] Noureddini H, J. D. An integrated approach to the degradation of phytates in the corn wet milling process [J]. Bioresource Technology. 2010, 101 (23): 9 106-9 113.

[147] 马文强, 冯杰, 刘欣. 微生物发酵豆粕营养特性研究 [J]. 中国粮油学报. 2008 (01): 121-124.

[148] 孙丰芹, 金青哲, 王兴国, 等. 黄曲霉毒素 B_1 的生物脱毒研究进展 [J]. 粮油食品科技. 2011, 19 (01): 39-41.

[149] El-Nezami H, Kankaanpaa P, Salminen S, et al. Ability of dairy strains of lactic acid bacteria to bind a common food carcinogen, aflatoxin B_1 [J]. Food and Chemical Toxicology. 1998, 36 (4): 321-326.

[150] 王玉, 陈现伟. 生物降解花生粕中黄曲霉毒素 B_1 的研究 [J]. 饲料研究. 2012 (01): 80-81.

[151] Teniola O D, Addo P A, Brost I M, et al. Degradation of aflatoxin B_1 by cell-free extracts of Rhodococcus erythropolis and Mycobacterium fluoranthenivorans sp. nov. DSM44556 (T) [J]. International Journal of Food Microbiology. 2005, 105 (2): 111-117.

[152] Liu D L, Yao D S, Liang R, et al. Detoxification of aflatoxin B_1 by enzymes isolated from Armillariella tabescens [J]. Food and Chemical Toxicology. 1998, 36 (7): 563-574.

[153] VanWinsen R L, Urlings B A, Lipman L J, et al. Effect of fermented feed on the microbial population of the gastrointestinal tracts of pigs [J]. Applied and Environmental Microbiology. 2001, 67 (7): 3071-3076.

[154] 巨晓英. 副干酪乳杆菌的分离鉴定及免疫功能研究 [D]. 天津: 天津大学, 2009.

[155] 孙丰芹, 金青哲, 王兴国, 等. 去除黄曲霉毒素 B_1 的菌株筛选 [J]. 食品与生物技术学报. 2011, 30 (02): 273-277.

[156] Zhao L H, Guan S, Gao X, et al. Preparation, purification and characteristics of an Aflatoxin degradation enzyme from Myxococcus fulvus ANSM068 [J]. Journal of Applied Microbiology. 2011, 110 (1): 147-155.

[157] 孔青, 刘奇正, 耿娟, 等. 海洋巨大芽孢杆菌抑制黄曲霉毒素的生物合成 [J]. 食品工业科技. 2010, 31 (8): 132-134.

[158] Buchanan R E, Gibbons N E. 伯杰细菌鉴定手册. 第8版 [M]. 北京: 科学出版社, 1984.

[159] 吉小凤, 张巧艳, 李文均, 等. 黄曲霉毒素 B_1 脱毒菌株 LAB-10 的分离、鉴定及降解能力分析 [J]. 微生物学通报. 2012, 39 (08): 1094-1101.

[160] 林宏基. 高等食品化学 [M]. 台北: 华香园出版社, 1984.

[161] 梁蓉, 杨瑞金, 王璋. 高温花生粕酶法制备低苦味多肽的研究 [J]. 中国油脂. 2008 (05): 24-28.

[162] Manjula S, E. J. Biochemical changes and in-vitro protein digestibility of the endosperm of germinating dolichos lablab [J]. Journal of the Science of Food and Agriculture. 1991, 55 (4): 529-538.

[163] 王刚. 微生物发酵改善菜籽粕品质的初步研究 [D]. 无锡: 江南大学, 2011.

[164] 陆健. 蛋白质纯化技术及应用 [M]. 北京: 化学工业出版社, 2005.

[165] 杜元正, 蔡国林, 高献礼, 等. 固相萃取-高效液相色谱法测定啤酒原辅料中黄曲霉毒素 B_1 [J]. 食品与发酵工业. 2012, 38 (02): 168-173.

[166] 秦文彦, 程洁, 应盛华, 等. 可污染食品及饲料的产黄曲霉毒素真菌的多重 PCR 检测 [J]. 菌物学报. 2007 (03): 448-454.

[167] L R J. Some major mycotoxins and their mycotoxicoses-an overview [J]. International Journal of Food Microbiology. 2007, 119 (1-2): 3-10.

[168] 施巧琴, 吴松刚. 工业微生物育种学 [M]. 北京: 科学出版社, 2009.

[169] 岳增华, 张贵义, 陈腾山. 植酸酶对肉鸡日粮养分表观利用率和表观代谢能的影响 [J]. 饲料工业. 2009, 30 (12): 19-24.

[170] Young L G, Leunissen M, L. A J. Addition of microbial phytase to diets of young pigs [J]. Animal Science Journal. 1993, 71 (8): 2 147-2 150.

[171] 国家市场监督管理总局. GBT 6432—2018 饲料中粗蛋白的测定 凯氏定氮法 [S]. 北京, 中国标准出版社: 2018-09-17.

[172] 中华人民共和国国家质量监督检验检疫总局. GBT 6434—2006 饲料中粗纤维的含量测定 过滤法 [S]. 北京, 中国标准出版社: 2006-08-03.

[173] 中华人民共和国国家质量监督检验检疫总局. GBT 6435—2014 饲料中水分的测定 [S]. 北京, 中国标准出版社: 2014-07-08.

[174] 中华人民共和国国家质量监督检验检疫总局. GBT 6438—2007 饲料中粗灰分的测定 [S]. 北京, 中国标准出版社: 2007-06-21.

[175] 中华人民共和国国家质量监督检验检疫总局. GBT 22492—2008 大豆肽粉 [S]. 北京, 中国标准出版社: 2008-11-04.

[176] 中华人民共和国国家质量监督检验检疫总局. GBT 13092—2006 饲料中霉菌总数的测定 [S]. 北京, 中国标准出版社: 2006-06-09.

[177] 中华人民共和国国家卫生和计划生育委员会. GB 5009.22—2016 食品国家安全标准 食品中黄曲霉毒素 B 和 G 族的测定 [S]. 北京, 中国标准出版社: 2016-12-23.

[178] 中华人民共和国国家质量监督检验检疫总局. GBT 6433—2006 饲料中粗脂肪的测定 [S]. 北京, 中国标准出版社: 2006-06-09.

[179] 国家市场监督管理总局. GBT 6436—2018 饲料中钙的测定 [S]. 北京, 中国标准出版社: 2018-05-14.

[180] 国家市场监督管理总局. GBT 6437—2018 饲料中总磷的测定 分光光度法 [S]. 北京, 中国标准出版社: 2018-09-17.

[181] 刘兴. 混菌发酵饲料的工艺优化及饲喂效果的研究 [D]. 哈尔滨: 黑龙江东方学院, 2020.

ICS 65.120
B 46

GB

中华人民共和国国家标准

GB 13078—2017
代替 GB 13078—2001，GB 13078.1—2006，GB 13078.2—2006，
GB 13078.3—2007，GB 21693—2008

饲料卫生标准

Hygienical standard feeds

2017-10-14 发布

2018-05-01 实施

中华人民共和国国家质量监督检验检疫总局
中国国家标准化管理委员会　发布

前 言

本标准的全部技术内容为强制性。

本标准按照 GB/T 1.1—2009 给出的规则起草。

本标准代替 GB 13078—2001《饲料卫生标准》及其第 1 号修改单、GB 13078.1—2006《饲料卫生标准 饲料中亚硝酸盐允许量》、GB 13078.2—2006《饲料卫生标准 饲料中赭曲霉毒素 A 和玉米赤霉烯酮的允许量》、GB 13078.3—2007《配合饲料中脱氧雪腐镰刀菌烯醇的允许量》、GB 21693—2008《配合饲料中 T-2 毒素的允许量》。与原标准相比,除编辑性修改外,主要技术内容差异如下:

——调整了标准的适用范围,修改为"本标准适用于表 1 中所列的饲料原料和饲料产品,不适用于宠物饲料产品和饲料添加剂产品",删除了有关饲料添加剂产品的内容。

——增加了伏马毒素、多氯联苯、六氯苯 3 个项目的限量规定。

——规范了限量值的有效数字。

——扩大了各项目限量值的覆盖面并统一按饲料原料、添加剂预混合饲料、浓缩饲料、精料补充料、配合饲料的顺序列示,进一步细化了各项目在不同饲料原料和饲料产品(不同年龄和动物类别)中的限量水平,其中:

总砷:修改了总砷的限量,删除了原标准对有机胂制剂的例外性规定;增加了在"干草及其加工产品""棕榈仁饼(粕)""藻类及其加工产品""甲壳类动物及其副产品(虾油除外)、鱼虾粉、水生软体动物及其副产品(油脂除外)""其他水生动物源性饲料原料(不含水生动物油脂)"中的限量,并将"鱼粉"并入"其他水生动物源性饲料原料(不含水生动物油脂)";增加了在"其他矿物质饲料原料""油脂"和"其他饲料原料"中的限量,并将"沸石粉、膨润土、麦饭石"并入"其他矿物质饲料原料";将"猪、家禽添加剂预混合饲料"扩展为"添加剂预混合饲料";将"猪、家禽浓缩饲料"和"牛、羊精料补充料"分别扩展为"浓缩饲料"和"精料补充料",删除原标准有关按比例折算的说明;增加了在"水产配合饲料"和"狐狸、貉、貂配合饲料"中的限量,并将"猪、家禽配合饲料"扩展为"其他配合饲料"。

铅:在饲料原料中的限量分别按"单细胞蛋白饲料原料""矿物质饲料原料""饲草、粗饲料及其加工产品""其他饲料原料"列示,不再单独列示"骨粉、肉骨粉、鱼粉、石粉";将"产蛋鸡、肉用仔鸡复合预混合饲料、仔猪、生长肥育猪复合预混合饲料"扩展为"添加剂预混合饲料";将"产蛋鸡、肉用仔鸡浓缩饲料""仔猪、生长肥育猪浓缩饲料"扩展为"浓缩饲料",将"奶牛、肉牛精料补充料"扩展为"精料补充料";将"生长鸭、产蛋鸭、肉鸭配合饲料、鸡配合饲料、猪配合饲料"扩展为"配合饲料"。

汞:将"鱼粉"扩展为"鱼、其他水生生物及其副产品类饲料原料",增加了在"其他饲料原料"中的限量,在"石粉"中的限量不再单独列示;增加了在"水产配合饲料"中的限量;将"鸡配合饲料、猪配合饲料"扩展为"其他配合饲料"。

镉:将"米糠"扩展为"植物性饲料原料",增加了在"藻类及其加工产品"和"水生软体动物及其副产品"中的限量,并将"鱼粉"扩展为"其他动物源性饲料原料",增加了在"其他矿物质饲料原料"中的限量;增加了在"添加剂预混合饲料""浓缩饲料""犊牛、羔羊精料补充料""其他精料补充料"中的限量,增加了在"虾、蟹、海参、贝类配合饲料""水产配合饲料(虾、蟹、海参、贝类配合饲料除外)"中的限量,将"鸡配合饲料、猪配合饲料"扩展为"其他配合饲料"。

铬:删除了在"皮革蛋白粉"中的限量;增加了在"饲料原料""猪用添加剂预混合饲料"和"其他添加剂预混合饲料""猪用浓缩饲料""其他浓缩饲料"中的限量;将"猪、鸡配合饲料"扩展为"配合饲料",限量值降至 5 mg/kg。

氟:在饲料原料中的限量分别按"甲壳类动物及其副产品""其他动物源性饲料原料""蛭石""其他矿物质饲料原料"和"其他饲料原料"列示,不再单独列示"鱼粉""石粉""骨粉、肉骨粉";将"猪、禽添加剂预混合饲料"扩展为"添加剂预混合饲料",限量值降至 800 mg/kg;将"猪、禽浓缩饲料"扩展为"浓缩饲料",限量值统一规定为 500 mg/kg,删除原标准有关按比例折算的说明;将"牛(奶牛、肉牛)精料补料"扩展为"牛、羊精料补充料";将"肉用仔鸡、生长鸡配合饲料"表述为"肉用仔鸡、育雏鸡、育成鸡配合饲料",限量不变;将"生长鸭、肉鸭配合饲料"和"产蛋鸭配合饲料"合并为"鸭配合饲料",限量值统一为 200 mg/kg;增加了在"水产配合饲料"和"其他配合饲料"中的限量。

亚硝酸盐:增加了在"火腿肠粉等肉制品生产过程中获得的前食品和副产品""其他饲料原料"中的限量,将"玉米""饼粕类、麦麸、次粉、米糠""草粉"和"肉粉、肉骨粉"并入"其他饲料原料",限量值统一规定为 15 mg/kg;将"鸡、鸭、猪浓缩饲料""牛(奶牛、肉牛)精料补充料"和"鸭配合饲料"分别扩展为"浓缩饲料""精料补充料"和"配合饲料"。

黄曲霉毒素 B1:在饲料原料中的限量分别按照"玉米加工产品、花生饼(粕)""植物油脂(玉米油、花生油除外)""玉米油、花生油"和"其他植物性饲料原料"列示,将"玉米""棉籽饼(粕)、菜籽饼(粕)""豆粕"并入"其他植物性饲料原料";规定了在"仔猪、雏禽浓缩饲料"、"肉用仔鸭后期、生长鸭、产蛋鸭浓缩饲料"和"其他浓缩饲料"中的限量;增加了在"犊牛、羔羊精料补充料""泌乳期精料补充料"和"其他精料补充料"中的限量;规定了在"仔猪、雏禽配合饲料""肉用仔鸭后期、生长鸭、产蛋鸭配合饲料"中的限量,增加了在"其他配合饲料"中的限量。

赭曲霉毒素 A:将"玉米"扩展为"谷物及其加工产品"。

玉米赤霉烯酮:增加了在"玉米及其加工产品(玉米皮、喷浆玉米皮、玉米浆干粉除外)""玉米皮、喷浆玉米皮、玉米浆干粉、玉米酒糟类产品"和"其他植物性饲料原料"中的限量;增加了在"犊牛、羔羊、泌乳期精料补充料"中的限量;将原标准"配合饲料"分别按照"仔猪配合饲料""青年母猪配合饲料""其他猪配合饲料"和"其他配合饲料"列示。

脱氧雪腐镰刀菌烯醇:增加了在"植物性饲料原料""犊牛、羔羊、泌乳期精料补充料"和"其他精料补充料"中的限量;将"家禽配合饲料"并入"其他配合饲料"。

T-2 毒素:增加了在"植物性饲料原料"中的限量;将"猪配合饲料"和"禽配合饲料"表述为"猪、禽配合饲料",限量值降至 0.5 mg/kg。

氰化物:增加了在"亚麻籽【胡麻籽】"和"其他饲料原料"中的限量;将"胡麻饼、粕"改为"亚麻籽【胡麻籽】饼、亚麻籽【胡麻籽】粕";将"木薯干"扩展为"木薯及其加工产品";将"雏鸡配合饲料"单独列示并将限量值降至 10 mg/kg,将"鸡配合饲料、猪配合饲料"扩展为

"其他配合饲料"。

游离棉酚：分别规定了在"棉籽油""棉籽""脱酚棉籽蛋白、发酵棉籽蛋白""其他棉籽加工产品"和"其他饲料原料"中的限量，不再单独规定在"棉籽饼、粕"中的限量；增加了在"犊牛精料补充料""其他牛精料补充料"和"羔羊精料补充料""其他羊精料补充料"中的限量；将"生长肥育猪配合饲料"扩展为"猪（仔猪除外）、兔配合饲料"，将"肉用仔鸡、生长鸡配合饲料"扩展为"家禽（产蛋禽除外）配合饲料"；将"产蛋鸡配合饲料"和"仔猪配合饲料"并入"其他畜禽配合饲料"；增加了在"植食性、杂食性水产动物配合饲料"和"其他水产配合饲料"中的限量。

异硫氰酸酯：将"菜籽饼、粕"扩展为"菜籽及其加工产品"，增加了在"其他饲料原料"中的限量；增加了在"犊牛、羔羊精料补充料"和"其他牛、羊精料补充料"中的限量，将"鸡配合饲料、生长育肥猪配合饲料"扩展为"猪（仔猪除外）、家禽配合饲料"，增加了在"水产配合饲料"和"其他配合饲料"中的限量。

噁唑烷硫酮：增加了在"菜籽及其加工产品"中的限量，将"产蛋鸡配合饲料"扩展为"产蛋禽配合饲料"，将"肉用仔鸡、生长鸡配合饲料"扩展为"其他家禽配合饲料"，增加了在"水产配合饲料"中的限量。

六六六（HCH）：明确了限量值以 a-HCH、β-HCH、γ-HCH 之和计，将"米糠、小麦麸、大豆饼粕、鱼粉"扩展为"谷物及其加工产品（油脂除外）、油料籽实及其加工产品（油脂除外）、鱼粉"，增加了在"油脂"中的限量，将原标准中"肉用仔鸡、生长鸡配合饲料、产蛋鸡配合饲料"和"生长肥育猪配合饲料"并入"添加剂预混合饲料、浓缩饲料、精料补充料、配合饲料"，限量值降至 0.2 mg/kg。

滴滴涕（DDT）：明确了限量值以 ρ,ρ'-DDE、υ,ρ'-DDT、ρ,ρ'-DDD、ρ,ρ'-DDT 之和计，将"米糠、小麦麸、大豆饼粕、鱼粉"扩展为"谷物及其加工产品（油脂除外）、油料籽实及其加工产品（油脂除外）、鱼粉"；增加了在"油脂"中的限量，将原标准中"鸡配合饲料、猪配合饲料"并入"添加剂预混合饲料、浓缩饲料、精料补充料、配合饲料"，限量值降至 0.05 mg/kg。

霉菌总数：将"玉米""小麦麸、米糠"扩展为"谷物及其加工产品"；将"豆饼（粕）、棉籽饼（粕）、菜籽饼（粕）"扩展为"饼粕类饲料原料（发酵产品除外）"，限量值降至 4×10^3 CFU/g；增加了在"乳制品及其加工副产品"中的限量；将在"鱼粉"中的限量值降至 1×10^4 CFU/g；

增加了在"其他动物源性饲料原料"中的限量并将"肉骨粉"并入其中；删除了原标准中在配合饲料、浓缩饲料及精料补充料中的限量。

细菌总数：将"鱼粉"扩展为"动物源性饲料原料"。

沙门氏菌：将"饲料"扩展为"饲料原料和饲料产品"。

——增加和修改了部分项目的试验方法：油脂中六六六、滴滴涕的试验方法采用 GB/T 5009.19，六氯苯的试验方法采用 SN/T 0127，多氯联苯的试验方法采用 GB 5009.190，伏马毒素的试验方法采用 NY/T 1970；黄曲霉毒素 B_1 的试验方法改为 NY/T 2071，脱氧雪腐镰刀菌烯醇的试验方法改为 GB/T 30956，赭曲霉毒素 A 的试验方法改为 GB/T 30957，玉米赤霉烯酮和 T-2 毒素的试验方法改为 NY/T 2071。

本标准由全国饲料工业标准化技术委员会（SAC/TC 76）提出并归口。

本标准主要起草单位：中国饲料工业协会、全国饲料工业标准化技术委员会秘书处、国家饲料质量监督检验中心（武汉）、中国农业科学院北京畜牧兽医研究所、中国农业大学、国家粮食局科学研究院、江苏省微生物研究所、全国饲料工业标准化技术委员会水产饲料分技术委员会秘书处。

本标准主要起草人：沙玉圣、王黎文、武玉波、杨林、佟建明、张丽英、李爱科、宓晓黎、粟胜兰、于福清、王荃、黄智成、黄婷、董晓芳、张艳。

本标准所代替标准的历次版本发布情况为：

——GB 13078—1991、GB 13078—2001；

——GB 13078.1—2006；

——GB 13078.2—2006；

——GB 13078.3—2007；

——GB 21693—2008。

饲料卫生标准

1 范围

本标准规定了饲料原料和饲料产品中的有毒有害物质及微生物的限量及试验方法。

本标准适用于表1中所列的饲料原料和饲料产品。

本标准不适用于宠物饲料产品和饲料添加剂产品。

2 规范性引用文件

下列文件对于本文件的应用是必不可少的。凡是注日期的引用文件,仅注日期的版本适用于本文件。凡是不注日期的引用文件,其最新版本(包括所有的修改单)适用于本文件。

GB/T 5009.190　食品中有机氯农药多组分残留量测定

GB 5009.190　食品安全国家标准　食品中指示性多氯联苯含量的测定

GB/T 13079　饲料中总砷的测定

GB/T 13080　饲料中铅的测定　原子吸收光谱法

GB/T 13081　饲料中汞的测定

GB/T 13082　饲料中镉的测定方法

GB/T 13083　饲料中氟的测定　离子选择性电极法

GB/T 13084　饲料中氰化物的测定

GB/T 13085　饲料中亚硝酸盐的测定　比色法

GB/T 13086　饲料中游离棉酚的测定方法

GB/T 13087　饲料中异硫氰酸酯的测定方法

GB/T 13088—200　饲料中铬的测定

GB/T 13089　饲料中噁唑烷硫酮的测定方法

GB/T 13090　饲料中六六六、滴滴涕的测定

GB/T 13091　饲料中沙门氏菌的检测方法

GB/T 13092　饲料中霉菌总数的测定

GB/T 13093　饲料中细菌总数的测定

GB/T 30956　饲料中脱氧雪腐镰刀菌稀醇的测定　免疫亲和柱净化-高效液相色谱法

GB/T 30957　饲料中赭曲霉毒素A的测定　免疫亲和柱净化-高效液相色谱法

NY/T 1970　饲料中伏马毒素的测定

NY/T 2071　饲料中黄曲霉毒素、玉米赤霉稀酮和T-2毒素的测定　液相色谱-串联质谱法

SN/T 0127　进口动物源性食品中六六六、滴滴涕和六氯苯残留量的检测方法　气相色谱-质谱法

3　要求

饲料卫生指标及试验方法见表1。

表1　饲料卫生指标及试验方法

序号	项目		产品名称	限量	试验方法	备注
			无机污染物			
1	总砷 mg/kg	饲料原料	干草及其加工产品	≤4	GB/T 13079	
			棕榈仁饼（粕）	≤4		
			藻类及其加工产品	≤40		
			甲壳类动物及其副产品（虾油除外）、鱼虾粉、水生软体动物及其副产品（油脂除外）	≤15		
			其他水生动物源性饲料原料（不含水生动物油脂）	≤10		
			肉粉、肉骨粉	≤10		
			石粉	≤2		
			其他矿物质饲料原料	≤10		
			油脂	≤7		
			其他饲料原料	≤2		
		饲料产品	添加剂预混合饲料	≤10		
			浓缩饲料	≤4		
			精料补充料	≤4		
			水产配合饲料	≤10		
			狐狸、貉、貂配合饲料	≤10		
			其他配合饲料	≤2		

（续表）

序号	项目		产品名称	限量	试验方法	备注
2	铅 mg/kg	饲料原料	单细胞蛋白饲料原料	≤5	GB/T 13080	
			矿物质饲料原料	≤15		
			饲草、粗饲料及其加工产品	≤30		
			其他饲料原料	≤10		
		饲料产品	添加剂预混合饲料	≤40		
			浓缩饲料	≤10		
			精料补充料	≤8		
			配合饲料	≤5		
3	汞 mg/kg	饲料原料	鱼、其他水生生物及其副产品类饲料原料	≤0.5	GB/T 13081	
			其他饲料原料	≤0.1		
		饲料产品	水产配合饲料	≤0.5		
			其他配合饲料	≤0.1		
4	镉 mg/kg	饲料原料	藻类及其加工产品	≤2	GB/T 13082	
			植物性饲料原料	≤1		
			水生软体动物及其副产品	≤75		
			其他动物源性饲料原料	≤2		
			石粉	≤0.75		
			其他矿物质饲料原料	≤2		
		饲料产品	添加剂预混合饲料	≤5		
			浓缩饲料	≤1.25		
			犊牛、羔羊精料补充料	≤0.5		
			其他精料补充料	≤1		
			虾、蟹、海参、贝类配合饲料	≤2		
			水产配合饲料（虾、蟹、海参、贝类配合饲料除外）	≤1		
			其他配合饲料	≤0.5		
5	铬 mg/kg	饲料原料		≤5	GB/T 13088—2006（原子吸收光谱法）	
		饲料产品	猪用添加剂预混合饲料	≤20		
			其他添加剂预混合饲料	≤5		
			猪用浓缩饲料	≤6		
			其他浓缩饲料	≤5		
			配合饲料	≤5		

(续表)

序号	项目		产品名称	限量	试验方法	备注
6	氟 mg/kg	饲料原料	甲壳类动物及其副产品	≤3 000	GB/T 13083	
			其他动物源性饲料原料	≤500		
			蛭石	≤3 000		
			其他矿物质饲料原料	≤400		
			其他饲料原料	≤150		
		饲料产品	添加剂混合饲料	≤800		
			浓缩饲料	≤500		
			牛、羊、精料补充料	≤50		
			猪配合饲料	≤100		
			肉用仔鸡、育雏鸡、育成鸡配合饲料	≤250		
			产蛋鸡配合饲料	≤350		
			鸭配合饲料	≤200		
			水产配合饲料	≤350		
			其他配合饲料	≤150		
7	亚硝酸盐（以NaNO$_2$计）mg/kg	饲料原料	火腿肠粉等肉制品生产过程中获得的前食品和副产品	≤80	GB/T 13085	
			其他饲料原料	≤15		
		饲料产品	浓缩饲料	≤20		
			精料补充料	≤20		
			配合饲料	≤15		
真菌毒素						
8	黄曲霉毒素 B$_1$ μg/kg	饲料原料	玉米加工产品、花生饼（粕）	≤50	NY/T 2071	
			植物油脂（玉米油、花生油除外）	≤10		
			玉米油、花生油	≤20		
			其他植物饲料原料	≤30		
		饲料产品	仔猪、雏禽浓缩饲料	≤10		
			肉用仔鸭后期、生长鸭、产蛋鸭浓缩饲料	≤15		
			其他浓缩饲料	≤20		
			犊牛、羔羊精料补充料	≤20		
			泌乳期精料补充料	≤10		
			其他精料补充料	≤30		
			仔猪、雏禽配合饲料	≤10		
			肉用仔鸭后期、生产鸭、产蛋鸭配合饲料	≤15		
			其他配合饲料	≤20		
9	赭曲霉毒素A μg/kg	饲料原料	谷物及其加工产品	≤100	GB/T 30957	
		饲料产品	配合饲料	≤100		

(续表)

序号	项目		产品名称	限量	试验方法	备注
10	玉米赤霉稀酮 mg/kg	饲料原料	玉米及其加工产品（玉米皮、喷浆玉米皮、玉米浆干粉除外）	≤0.5	NY/T 2071	
			玉米皮、喷浆玉米皮、玉米浆干粉、玉米酒糟类产品	≤1.5		
			其他植物性饲料原料	≤1		
		饲料产品	犊牛、羔羊、泌乳期精料补充料	≤0.5		
			仔猪配合饲料	≤0.15		
			青年母猪配合饲料	≤0.1		
			其他猪配合饲料	≤0.25		
			其他配合饲料	≤0.5		
11	脱氧雪腐镰刀菌烯醇（呕吐毒素）mg/kg	饲料原料	植物性饲料原料	≤5	GB/T 30956	
		饲料产品	犊牛、羔羊、泌乳期精料补充料	≤1		
			其他精料补充料	≤3		
			猪配合饲料	≤1		
			其他配合饲料	≤3		
12	T-2 毒素 mg/kg		植物性饲料原料	≤0.5	NY/T 2071	
			猪、禽配合饲料	≤0.5		
13	伏马毒素（B_1+B_2）mg/kg	饲料原料	玉米及其加工产品、玉米酒糟类产品，玉米青贮饲料和玉米秸秆	≤60	NY/T 1970	
		饲料产品	犊牛、羔羊精料补充料	≤20		
			马、兔精料补充料	≤5		
			其他反刍动物精料补充料	≤50		
			猪浓缩饲料	≤5		
			家禽浓缩饲料	≤20		
			猪、兔、马配合饲料	≤5		
			家禽配合饲料	≤20		
			鱼配合饲料	≤10		
天然植物毒素						
14	氰化物（以 HCN 计）mg/kg	饲料原料	亚麻籽【胡麻籽】	≤250	GB/T 13084	
			亚麻籽【胡麻籽】饼、亚麻籽【胡麻籽】粕	≤350		
			木薯及其加工产品	≤100		
			其他饲料原料	≤50		
		饲料产品	雏鸡配合饲料	≤10		
			其他配合饲料	≤50		

（续表）

序号	项目		产品名称	限量	试验方法	备注
15	游离棉酚 mg/kg	饲料原料	棉籽油	≤200	GB/T 13086	
			棉籽	≤5 000		
			脱酚棉籽蛋白、发酵棉籽蛋白	≤400		
			其他棉籽加工产品	≤1 200		
			其他饲料原料	≤20		
		饲料产品	猪（仔猪除外）、兔配合饲料	≤60		
			家禽（产蛋禽除外）配合饲料	≤100		
			犊牛精料补充料	≤100		
			其他牛精料补充料	≤500		
			羔羊精料补充料	≤60		
			其他羊精料补充料	≤300		
			植食性、杂食性水产动物饲料	≤300		
			其他水产配合饲料	≤150		
			其他家禽配合饲料	≤20		
16	异硫氰酸酯（以丙烯基异硫氰酸酯计）mg/kg	饲料原料	菜籽及其加工产品	≤4 000	GB/T 13087	
			其他饲料原料	≤100		
		饲料产品	犊牛、羔羊精料补充料	≤150		
			其他牛、羊精料补充料	≤1 000		
			猪（仔猪除外）、家禽配合饲料	≤500		
			水产配合饲料	≤800		
			其他配合饲料	≤150		
17	噁唑烷硫酮（以5-乙烯基-噁唑-2-硫酮计）mg/kg	饲料原料	菜籽及其加工产品	≤2 500	GB/T 13089	
		饲料产品	产蛋禽配合饲料	≤500		
			其他家禽配合饲料	≤1 000		
			水产配合饲料	≤800		
有机氯污染物						
18	多氯联苯（PCB，以PCB28、PCB52、PCB101、PCB138、PCB153、PCB180之和计）μg/kg	饲料原料	植物性饲料原料	≤10	GB 5009.190	
			矿物质饲料原料	≤10		
			动物脂肪、乳脂和蛋脂	≤10		
			其他陆生动物产品，包括乳、蛋及其制品	≤10		
			鱼油	≤175		
			鱼和其他水生动物及其制品（鱼油、脂肪含量大于20%的鱼蛋白水解物除外）	≤30		
			脂肪含量大于20%的鱼蛋白水解物	≤50		
		饲料产品	添加剂预混合饲料	≤10		
			水产浓缩饲料、水产配合饲料	≤40		
			其他浓缩饲料、精料补充料、配合饲料	≤10		

（续表）

序号	项目		产品名称	限量	试验方法	备注
19	六六六（HCH，以 a-HCH、β-HCH、γ-HCH 之和计）mg/kg	饲料原料	谷物及其加工产品（油脂除外）、油料籽实及其加工产品（油脂除外）、鱼粉	≤0.05	GB/T 13090	
			油脂	≤2.0	GB/T 5009.19	
		饲料产品	其他饲料原料	≤0.2	GB/T 13090	
			添加剂预混合饲料、浓缩饲料、精料补充料、配合饲料	≤0.2		
20	滴滴涕（以 P,P'-DDE、V,P'-DDD、P,P'-DDT 之和计）mg/kg	饲料原料	谷物及其加工产品（油脂除外）、油料籽实及其加工产品（油脂除外）、鱼粉	≤0.02	GB/T13090	
			油脂	≤0.5	GB/T 5009.19	
		饲料产品	其他饲料原料	≤0.05	GB/T 13090	
			添加剂预混合饲料、浓缩饲料、精料补充料、配合饲料	≤0.05		
21	六氯苯（HCB）mg/kg	饲料原料	油脂	≤0.2	SN/T 0127	
			其他饲料原料	≤0.01		
		饲料产品	添加剂预混合饲料、浓缩饲料、精料补充料、配合饲料	≤0.01		
微生物污染物						
22	霉菌总数 CFU/g	饲料原料	谷物及其加工产品	<4×10^4	GB/T 13092	
			饼粕类饲料原料（发酵产品除外）	<4×10^3		
			乳制品及其加工副产品	<1×10^3		
			鱼粉	<1×10^4		
			其他动物源性饲料原料	<2×10^4		
23	细菌总数 CFU/g		动物源性饲料原料	<2×10^6	GB/T 13093	
24	沙门氏菌（25g 中）		饲料原料和饲料产品	不得检出	GB/T 13091	

表中所列限量，除特别注明外均以干物质含量88%为基础计算（霉菌总数、细菌总数、沙门氏菌除外）。

饲料原料单独饲喂时，应按相应配合饲料限量执行。

致　谢

　　该著作出版得到了中国热带农业科学院热带生物技术研究所、海南省热带微生物资源重点实验室、江南大学、青岛大学、山东鲁花集团有限公司、莱阳鲁花蛋白有限公司、湖南农业大学、河南科技学院、广东农业科学院动物科学研究所、海南新纪元科技有限公司、海南隐能生物科技有限公司、海南传味文昌鸡产业股份有限公司、海南（潭牛）文昌鸡股份有限公司、海南金薯农业有限公司、海南椰牧种猪有限公司、江西省抚州市东乡区农业科学技术研究中心、江苏省原子医学研究所等单位的支持，在此一并表示感谢！

中国式农业农村现代化理论研究与评价实践

吴永常 陈静 等 著

中国农业科学技术出版社

图书在版编目(CIP)数据

中国式农业农村现代化理论研究与评价实践 / 吴永常等著. --北京：中国农业科学技术出版社，2022.12
ISBN 978-7-5116-6140-1

Ⅰ.①中… Ⅱ.①吴… Ⅲ.①农业现代化-研究-中国②农村现代化-研究-中国 Ⅳ.①F320.1

中国版本图书馆 CIP 数据核字(2022)第 246702 号

责任编辑　倪小勋　穆玉红
责任校对　马广洋
责任印制　姜义伟　王思文

出 版 者	中国农业科学技术出版社
	北京市中关村南大街 12 号　　邮编：100081
电　　话	(010) 82106626 (编辑室)　　(010) 82109702 (发行部)
	(010) 82109709 (读者服务部)
网　　址	https://castp.caas.cn
经 销 者	各地新华书店
印 刷 者	北京建宏印刷有限公司
开　　本	170 mm×240 mm　1/16
印　　张	9.75
字　　数	180 千字
版　　次	2022 年 12 月第 1 版　2022 年 12 月第 1 次印刷
定　　价	55.00 元

◆━━ 版权所有·翻印必究 ━━◆